园艺植物病虫害防治
实验实训

主　编　甘丽萍（重庆三峡学院）
编　委　石汝杰（重庆三峡学院）
　　　　杨　玲（重庆三峡学院）

西南交通大学出版社
·成　都·

图书在版编目（CIP）数据

园艺植物病虫害防治实验实训 / 甘丽萍主编. —成都：西南交通大学出版社，2019.1（2025.2 重印）

ISBN 978-7-5643-6696-4

Ⅰ. ①园… Ⅱ. ①甘… Ⅲ. ①园林植物－病虫害防治－实验－高等学校－教材 Ⅳ. ①S436.8-33

中国版本图书馆 CIP 数据核字（2018）第 290223 号

园艺植物病虫害防治实验实训

主　　编／甘丽萍

责任编辑／牛　君

封面设计／墨创文化

西南交通大学出版社出版发行

（四川省成都市金牛区二环路北一段 111 号西南交通大学创新大厦 21 楼　610031）

发行部电话：028-87600564　028-87600533

网址：http://www.xnjdcbs.com

印刷：四川永先数码印刷有限公司

成品尺寸　185 mm × 260 mm

印张　10　　字数　220 千

插页　8

版次　2019 年 1 月第 1 版　　印次　2025 年 2 月第 2 次

书号　ISBN 978-7-5643-6696-4

定价　30.00 元

课件咨询电话：028-87600533

图书如有印装质量问题　本社负责退换

前言

“园艺植物病虫害防治”是园艺学专业学生必修的一门专业基础课程，实践性和应用性强。随着高校应用型人才培养模式的改革，除了要求学生掌握够用的理论基础，要求其掌握较强的实践技能的目标更加清晰和明确，编写贴近园艺植物生产实际需求、突出应用性的园艺植物病虫害防治实验指导教材便成为园艺专业教育工作者的重要任务。综合类高校的园艺专业开设的园艺植物病虫害防治课程，相对于农业院校的相关专业，对知识的系统性和专业性要求稍弱，所以实验内容上也不可能面面俱到，在课时数有限的情况下，要尽量做好取舍。基于多年的教学和实践经验，结合实验课的真正需求，我们编写了这本《园艺植物病虫害防治实验实训》。本书由基础实验篇、综合实训篇两部分组成，前者首先安排了植物病原的基础识别项目，选取了一些大众化的蔬菜、果树和观赏植物上发生的典型病害、主要昆虫进行识别学习；后者主要为基础实训，包括植物病害标本及昆虫标本的采集与制作、病虫害的调查与统计、农药田间药效试验，以及植物病害诊断基本操作技术中的病原菌的分离和纯化等训练，能满足大部分园艺专业学生的实验参考需求。因此本教材主要供大中专园艺专业（特别是综合类高校）教学、成人教育教学使用，也可供相关生产管理人员参考。

本教材特色主要体现在以下几方面。

（1）教材分为基础实验篇、综合实训篇，对学生有一个逐渐提升的考量，书后的附录包括目前使用的农药种类、主要园艺植物病原菌及昆虫的检索表，以及西南地区园艺植物常见病虫害彩色图谱，为实验实训的开展提供了方便。由于综合类学校（非农业类）园艺专业该门实验课的学时限制，对部分独立实验进行了合并，如苹果树和梨树的一些病虫害，特别是害虫较为相似，安排在一次实验中开展。另外，选择项目也有一定的针对性，如其他教材中果树部分的北方地区典型的果树桃、李、杏等以及种植相对小众的龙眼、荔枝等也未选入教材，而选择了种植较为广泛的柑橘和葡萄作为病虫害识别寄主。

（2）教材中插入了大量图表，特别是附录彩图，为学生提供的指导性和参考性更强。

（3）教材的语言描述特别是症状观察上用待确定的字词，如“观察叶片绿色是否浓淡不均……”，带着探究式的引导进行实验，而不是完全的验证，更能加强学生的主观判断性。

本教材由重庆三峡学院生物与食品工程学院甘丽萍（编写实验1～2，7～9，实训1～2，实训6，附录A～B）担任主编，石汝杰（编写实验3～6，实训3，附录C）和杨玲（编写实验10～13，实训4～5，附录D～E）担任编委，合肥市园林绿化质量监督管理中心张磊提供了大量害虫彩图。书中部分插图选自费显伟主编、高等教育出版社出版的《园艺植物病虫害防治》(2010年版）等参考文献中列出的教材，特向原作者表示敬意与感谢！还有部分来自网上资料和有关文献资料，谨向各位专家学者表示诚挚的谢意！在编写过程中，得到了有关领导、同事的大力支持和帮助，在此一并表示诚挚的感谢！

由于园艺植物病虫害防治涉及内容广泛，技术性很强，地域变化较大，加之编者水平有限，书中不妥或疏漏之处在所难免，敬请专家和广大读者批评指正！

编　者

2018年2月

目 录

基础实验篇

综合实训篇

附　录

基础实验篇

项目 1　植物病害基础

实验 1 植物病害症状类型观察

一、目的要求

（1）准确描述植物病害症状。

（2）辨别植物病害病状与病症的类型及其特点。

二、材 料

以下园艺植物病害新鲜材料或标本：

（1）侵染性病害：花叶病、霜霉病、疫病、白粉病、锈病、菌核病、炭疽病、腐烂病、溃疡病、猝倒病、立枯病、枯萎病、青枯病、根癌病、丛枝病、软腐病、流胶病等。

（2）非侵染性病害：日烧、缺素与肥害、药害等病状。

三、仪器和用具

光学显微镜和立体显微镜、放大镜、刀片、载玻片、盖玻片、镊子、挑针等。

四、内容与方法

用肉眼或放大镜观察每种标本的症状，仔细观察各种典型病状和病症标本，认识各类症状特点及其所属类型。

（一）病状类型

病状是发病植物在病变过程中的不正常表现，其特征比较稳定且具有特异性。植物器官的基本功能及病害的主要病状类型可以归纳为变色、坏死、腐烂、萎蔫、畸形等（参见图 1-1-1）。

1. 变 色

植物受到外来有害因素的影响后，色泽改变，常见的有褪绿、黄化、花叶、白化、红化、斑驳等。观察变色部位是否均匀，有无其他颜色，病状质地如何。

（1）褪绿或黄化 由于叶绿素的减少，叶片表现为浅绿色或黄色，整株或局部叶片均匀褪绿。观察柑橘黄化病、桃树黄化病、栀子（香樟）黄化病等标本。

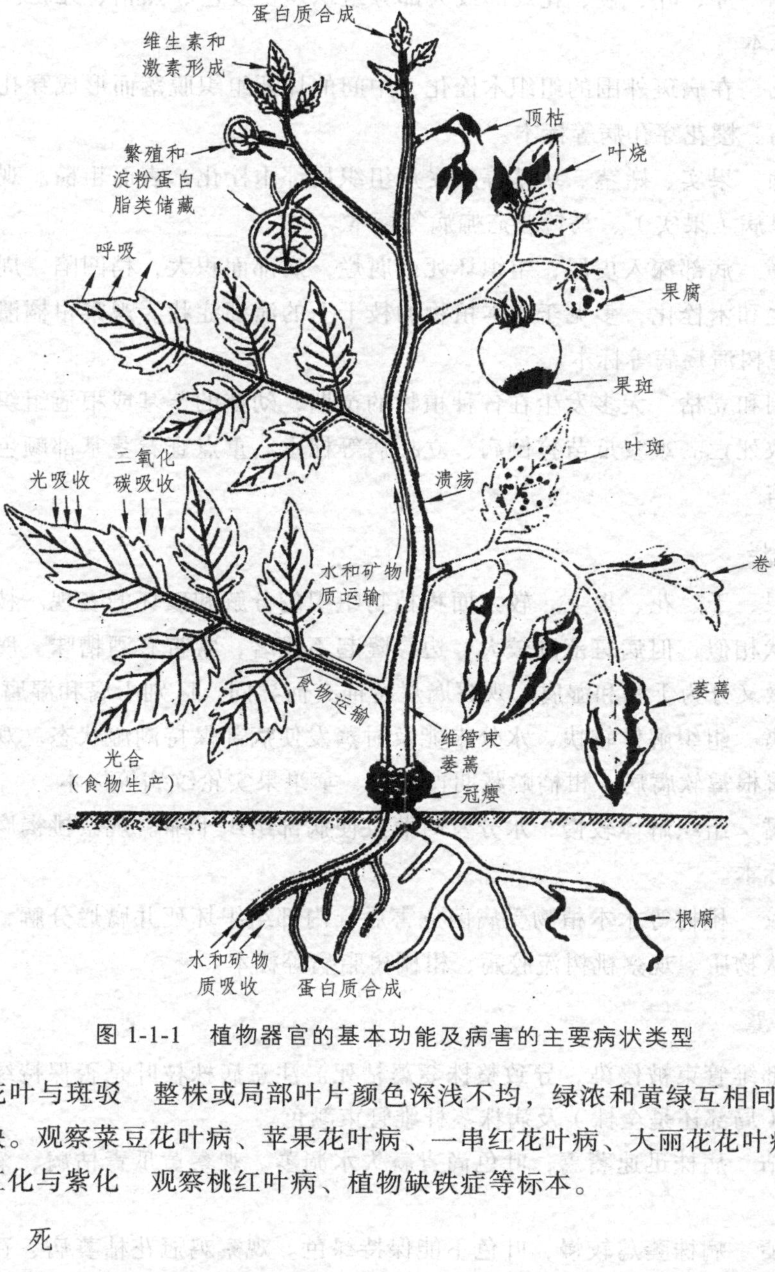

图 1-1-1　植物器官的基本功能及病害的主要病状类型

（2）花叶与斑驳　整株或局部叶片颜色深浅不均，绿浓和黄绿互相间杂，有时出现红紫斑块。观察菜豆花叶病、苹果花叶病、一串红花叶病、大丽花花叶病等标本。

（3）红化与紫化　观察桃红叶病、植物缺铁症等标本。

2. 坏　死

由受病植物组织和细胞的死亡而引起的。常表现为斑点、叶枯、溃疡、枯梢、疮痂、立枯和猝倒等。观察病状大小、质地、颜色、形状和发生部位等标本。

（1）斑点　根、茎、叶、花、果实的病部局部组织或细胞坏死，产生各种形状、大小和颜色不同的斑点。可区分为角斑、圆斑、轮斑、不规则形斑或黑斑、褐斑、灰斑等，病斑后期常有霉层或小黑点出现。观察十字花科蔬菜黑斑病、桂花褐斑病、杜鹃角斑病、菊花黑斑病等标本。

（2）枯死　芽、叶、枝、花局部或大部分组织发生变色、焦枯、死亡。观察马铃薯晚疫病等标本。

（3）穿孔　在病斑外围的组织木栓化，中间的坏死组织脱落而形成穿孔。观察桃细菌性穿孔病、樱花穿孔病等标本。

（4）疮痂　果实、嫩茎、块茎等的受病组织局部木栓化，表面粗糙。观察柑橘疮痂病、梨黑星病（果实）、马铃薯疮痂病等标本。

（5）溃疡　病部深入皮层，组织坏死或腐烂，病部面积大，稍凹陷，周围的寄主细胞有时增生和木栓化，多见于木本植物的枝干上的溃疡症状。观察柑橘溃疡病、番茄溃疡病、槐树溃疡病等标本。

（6）猝倒和立枯　大多发生在各种植物的苗期，幼苗的茎基或根冠组织坏死，地上部萎蔫以致死亡。观察瓜苗猝倒病、立枯病等标本，重点查看茎基部颜色，注意有无腐烂和缢缩。

3. 腐　烂

发生在根、干、花、果上，较大面积植物组织的分解和破坏的表现。枝干皮层腐烂与溃疡症状相似，但病斑范围较大，边缘隆起不显著，常带有酒糟味。腐烂根据症状及失水快慢又分为干腐和湿腐。观察腐烂特征有何异同，区别干腐和湿腐。

（1）湿腐　组织解体较快，水分未能及时蒸发使病部保持潮湿状态。观察大白菜软腐病、甘薯根霉软腐病、柑橘贮藏期青霉病、苹果果实轮纹病等标本。

（2）干腐　组织解体较慢，水分及时蒸发使病部组织干缩。观察桃褐腐病、苹果树腐烂病等标本。

（3）流胶　桃树等木本植物受病菌危害后，内部组织坏死并腐烂分解，从病部向外流出黏胶状物质。观察桃树流胶病、柑橘树脂病等标本。

4. 萎　蔫

病株根部维管束被侵染，导致整株萎蔫枯死。注意病株枝叶是否保持绿色，萎蔫发生的部位（局部还是全株）及病株茎秆维管束颜色。

（1）青枯　病株迅速萎蔫，叶色尚青就失水凋萎。观察黄瓜青枯病、菊花青枯病等标本。

（2）枯萎　病株萎蔫较慢，叶色不能保持绿色。观察鸡冠花枯萎病、百日草枯萎病等标本。

5. 畸　形

由病部组织或细胞的生长受阻或过度增生而造成的形态异常。常见的有徒长、矮缩、丛枝或肿瘤。观察病毒病、缩叶病、根癌病、丛枝病等标本，分辨病、健株病状的区别和病株的病状类型。

（1）矮化、矮缩　矮化是植株各个器官的长度成比例变短或缩小，病株比健株矮小得多。矮缩则主要是节间缩短、茎叶簇生在一起。观察菊花矮化病、桑矮缩病等标本。

（2）丛生　枝条或根异常地增多导致丛枝或丛根。观察枣疯病、竹丛枝病、梧桐丛枝病、苹果发根病等标本。

（3）瘤肿　病部的细胞或组织因受病原物的刺激而增生或增大，呈现出瘤肿。观察各种根癌病、根结线虫病、松瘤锈病等标本。

（4）卷叶　叶片卷曲与皱缩。观察桃缩叶病标本。

（5）蕨叶　叶片发育不良，叶片变成丝状、线状或蕨叶状。双子叶植物受 2, 4-D 的药害也常变成蕨叶状。观察番茄病毒病（蕨叶型）标本。

（二）病征类型

病症是由生长在植物病部的病原物群体或器官构成，病症是否出现及其明显程度受环境条件影响很大，但一经表现即相当稳定。

1. 粉状物

植物发病部位出现各种颜色的粉状物。注意观察粉状物的颜色和质地。

（1）白粉　病部表面有一层白色的粉状物，后期在白粉层上散生许多针头大小的黑色颗粒状物。观察黄瓜白粉病、紫薇白粉病、凤仙花白粉病等标本。

（2）黑粉　在植物被破坏的组织或肿瘤内部产生大量的黑色粉末状物。观察月季黑粉病等标本。

（3）锈粉　病部产生锈黄色粉状物，或内含黄粉的疤状物或毛状物。观察李锈病、玫瑰锈病、萱草锈病等标本。

2. 霉状物

病部产生各种颜色的霉状物。观察辣椒疫病、黄瓜霜霉病、柑橘青霉病、仙客来灰霉病、紫薇烟煤病等病害标本或瓶装标本，注意霉状物的质地和颜色。

3. 粒状物

病原真菌在植物病部产生的黑色、褐色小点或颗粒状结构。观察山茶灰斑病、大叶黄杨叶斑病、苹果轮纹病、辣椒炭疽病、芹菜斑枯病等标本，注意病部粒状物的位置（埋生、半埋生还是表生）、大小及数量、突出表面的程度、密度或分散性、排列有无规律等。

4. 线状物和核状物

在植物体表或茎秆内髓腔中产生的似鼠粪、菜籽或植物根系状物，多为黑褐色。观察油菜菌核病、果树紫纹羽病等标本，注意菌核或菌索的大小、形状、质地和颜色。

5. 脓状物

细菌性病害常从病部溢出灰白色、蜜黄色的液滴，干后结成菌膜或小块状物。观察女贞细菌性叶斑病、柑橘溃疡病、白菜软腐病、桃李细菌性穿孔病等标本，注意有无脓状黏液或黄褐色胶粒。

几种植物病原物与植物细胞大小的比较见图 1-1-2。

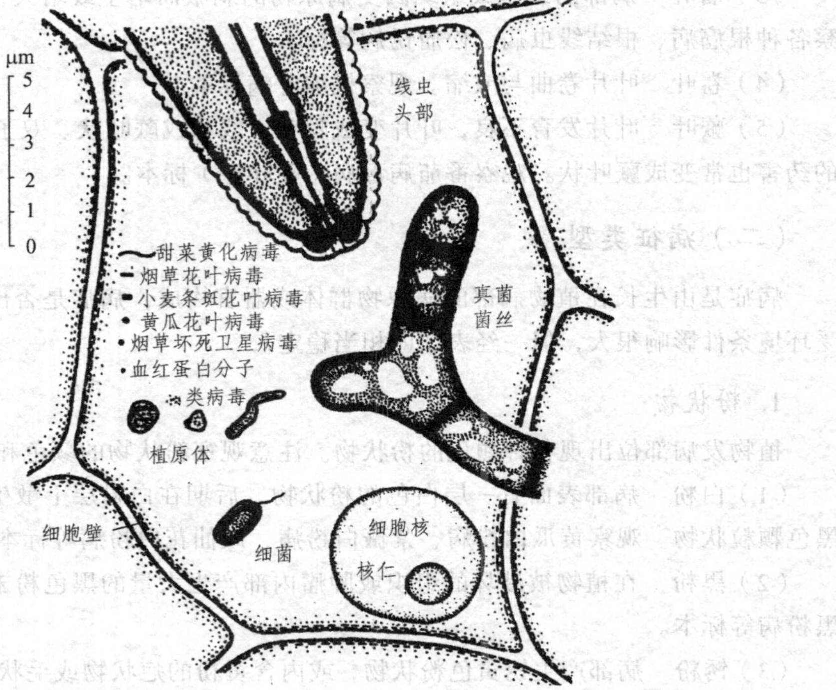

图 1-1-2 几种植物病原物与植物细胞大小的比较

五、作 业

（1）观察各种病害症状类型之后，举例说明病状和病征有何区别。

（2）任选 10 个标本，将观察结果填入表 1-1-1：

表 1-1-1 植物病害症状观察记录表

寄主	病害	发病部位	病状	病征

六、思考题

植物病害是否都能见到病状和病征，为什么？

实验2　植物病原真菌形态观察

一、目的要求

（1）识别与植物病害有关的鞭毛菌亚门、接合菌亚门、子囊菌亚门、担子菌亚门和半知菌亚门重要属真菌的主要形态特征，为植物真菌病害的正确诊断和病原分类鉴定奠定基础。

（2）学习绘制病原形态图。

二、材　料

以下园艺植物病害新鲜材料或标本、病原菌玻片标本：猝倒病、晚疫病、霜霉病、软腐病、缩叶病、白粉病、锈病、炭疽病、青霉病、灰霉病、黑星病、梨黑星病、菌核病及各种叶斑病等。

三、仪器和用具

光学显微镜和体视显微镜、放大镜、解剖刀、刀片、镊子、挑针、载玻片和盖玻片等。

四、内容与方法

（一）鞭毛菌亚门病原菌形态观察

（1）镜检观察蔬菜幼苗猝倒病菌菌丝隔膜、游动孢子囊等形态，注意游动孢子囊与菌丝差别是否明显。将瓜果腐霉斜面菌种的菌落少许移置在清水中，在 18 ~ 20 °C 下培养 24 ~ 36 h，然后用解剖针从水中挑取少量菌丝制片镜检。观察菌丝有没有隔膜，游动孢子囊形状，与菌丝差别是否明显，能否看到孢子囊萌发的情景，泄管和泡囊的形态如何[腐霉属形态特征参见图 1-2-1（a）]。

（2）观察番茄晚疫病标本，特别要注意叶片上病斑的位置、大小、状态、颜色，边缘是否清楚，叶片病斑是否产生灰白色的霉层（特别是叶背面）。镜检孢囊梗、孢子囊和游动孢子，注意孢囊梗分枝特点及游动孢子囊的形态[疫霉属形态特征参见图 1-2-1（b）]。

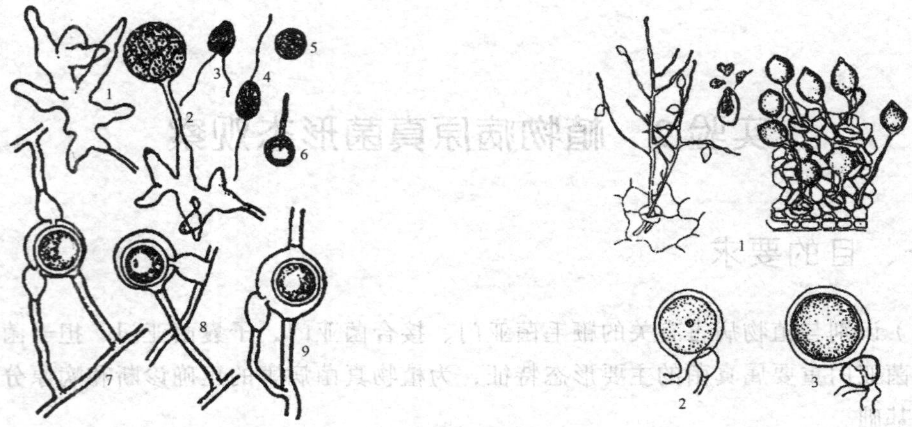

（a）腐霉属

1—孢子囊；2—孢子囊萌发；3，4—游动孢子；
5—静子；6—静子萌发；7—附有 2 个雄器的藏卵器；
8—雌雄异丝配合；9—雌雄同丝配合

（b）疫霉属

1—孢囊梗、孢子囊和游动孢子；
2—雄器侧生；
3—雄器包围在藏卵器基部

图 1-2-1　腐霉目主要属特征

（3）观察提供的各种霜霉病标本，注意危害部位及症状特点，镜检孢囊梗形态，注意分枝特点及分枝末端的特征，注意辨别不同寄主上的孢囊梗分枝特点有何异同（霜霉科不同属形态特征见图 1-2-2）。

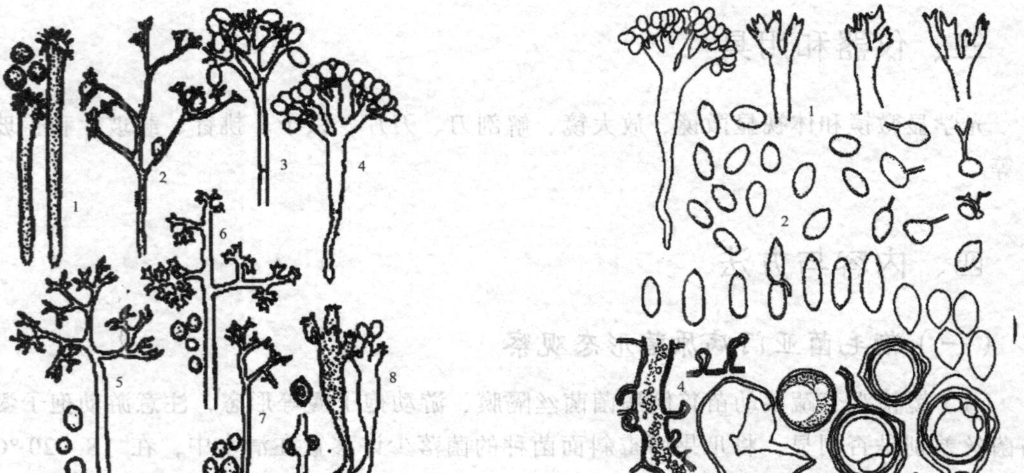

（a）霜霉科

1—圆梗霉属；2—盘梗霉属；3—拟盘梗霉属；
4—霜指霉属；5—霜霉属；6—单轴霉属；
7—假霜霉属；8—指梗霉属

（b）甘蔗指霜霉

1—孢囊梗；2—孢子囊；
3—藏卵器与卵孢子；4—吸器

图 1-2-2　霜霉科主要属特征

（4）取十字花科白锈病，切取病叶制片镜检，注意孢囊梗着生的位置、形态和排列特点，观察孢子囊的形态和藏卵器内卵孢子的数目（白锈属形态特征参见图 1-2-3）。

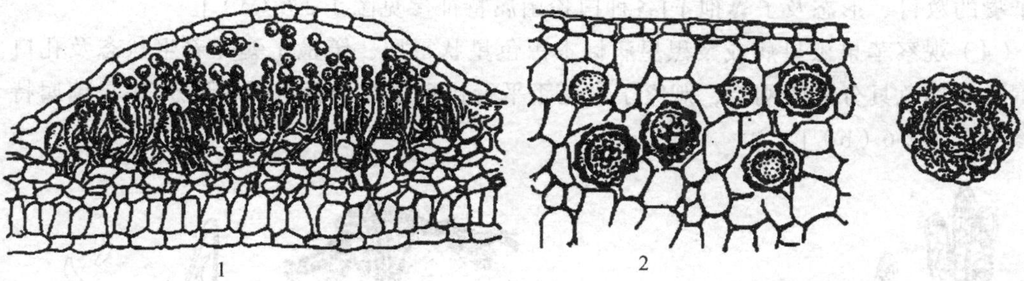

1—孢囊梗和孢子囊；2—病组织内的卵孢子；3—卵孢子

图 1-2-3 白锈属特征

（二）接合菌亚门病原菌形态观察

取甘薯软腐病标本，观察受害甘薯表面是否有白色棉毛状物及小黑点。挑取培养的根霉（带少许培养基）制片，镜检小黑点，注意匍匐丝、假根、孢囊梗及孢囊孢子形态特征（根霉属形态特征参见图 1-2-4）。

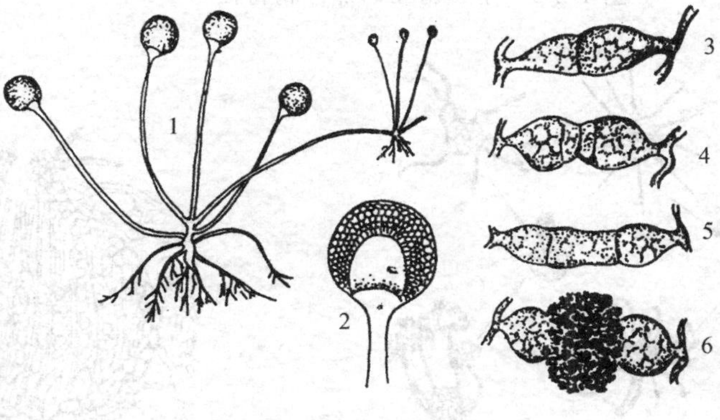

1—孢囊梗、孢子囊、假根和匍匐丝；2—放大的孢子囊；3～6 接合孢子的形成

图 1-2-4 根霉属主要特征

（三）子囊菌亚门病原菌形态观察

（1）观察桃缩叶病、李囊果病标本，注意植物组织膨胀变形状态及病部表面的灰白色霉层。切片镜检裸生的子囊及其内部的子囊孢子[外囊菌属特征参见图 1-2-5（a）]。

（2）取苹果树腐烂病标本，注意观察发病部位小黑点大小及疏密程度等特点，取有小黑点的病皮组织切片镜检，观察子囊壳的形状、颜色和子囊孢子的形态[黑腐皮壳属特征参见图 1-2-5（b）]。

（3）观察各种白粉病标本病部白色粉状物和小黑点，镜检闭囊壳的形态，注意附属丝的形状和长短，然后用解剖针轻压盖片，挤压闭囊壳使之慢慢破裂，注意观察其内子囊的数目、形态及子囊孢子[各种白粉菌属特征参见图 1-2-6（a）]。

（4）观察苹果黑星病或梨黑星病标本黑色星状霉层，镜检子囊壳着生状态及孔口周围少数黑色具分隔的刚毛，观察子囊是否平行排列以及子囊孢子的形态[黑星菌属特征参见图 1-2-6（b）]。

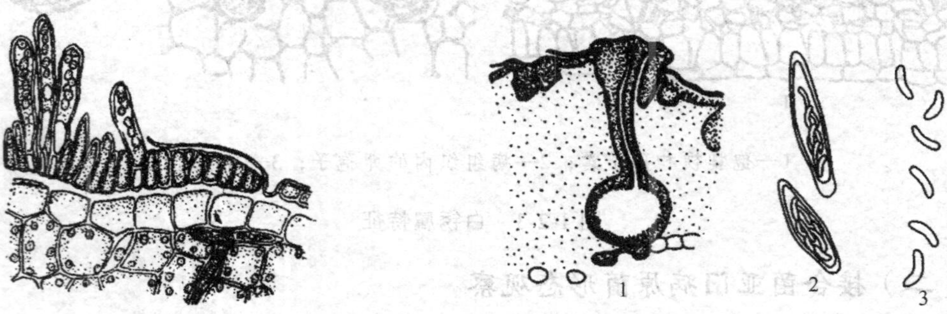

（a）外囊菌属

（b）黑腐皮壳属

1—着生于子座组织内的子囊壳；2—子囊；3—子囊孢子

图 1-2-5　子囊菌亚门部分属特征（一）

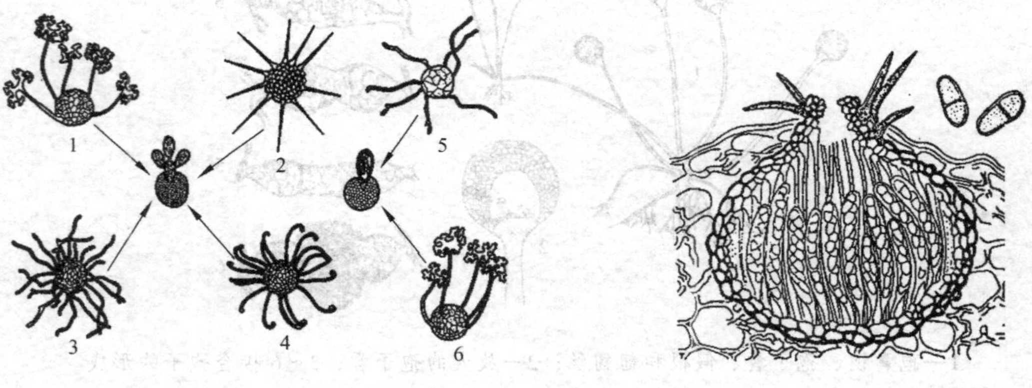

（a）白粉菌目

（b）黑星菌属

1—叉丝壳属；2—球针壳属；3—白粉菌属；4—钩丝壳属；5—单丝壳属；6—叉丝单囊壳属

图 1-2-6　子囊菌亚门部分属特征（二）

（四）担子菌亚门病原菌形态观察

（1）取菜豆锈病病叶（病荚）、玫瑰锈病病叶标本观察夏孢子堆和冬孢子堆的大小、颜色，注意是否穿破表皮。镜检锈菌夏孢子和冬孢子的形态特征（单孢锈菌属和多孢锈菌属特征参见图 1-2-7）。

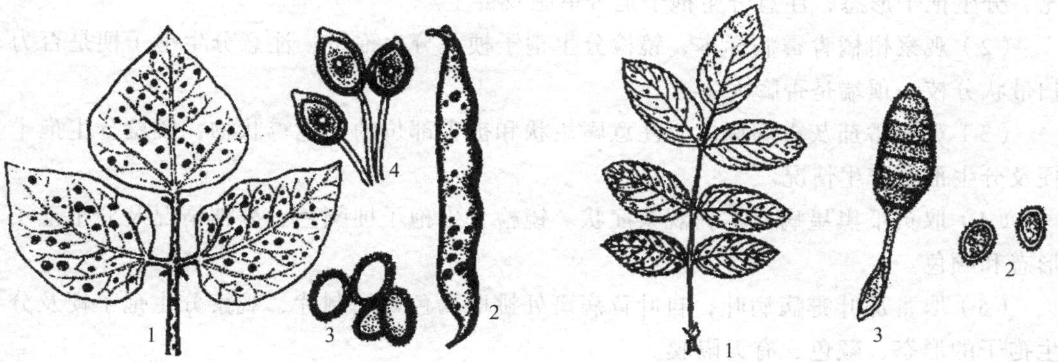

（a）菜豆锈菌（单孢锈菌属）

1，2—症状；3—夏孢子；4—冬孢子

（b）玫瑰锈菌（多孢锈菌属）

1—症状；2—夏孢子；3—冬孢子

图 1-2-7　锈菌目主要属症状和病菌特征（一）

（2）取苹果锈病或梨锈病标本，观察在转主寄主桧柏上的症状，哪种孢子发生在桧柏上。镜检冬孢子形态[胶锈菌属特征参见图 1-2-8（a）]。

（3）其他锈菌　不同病原形态观察[柄锈菌属特征参见图 1-2-8（b）]。

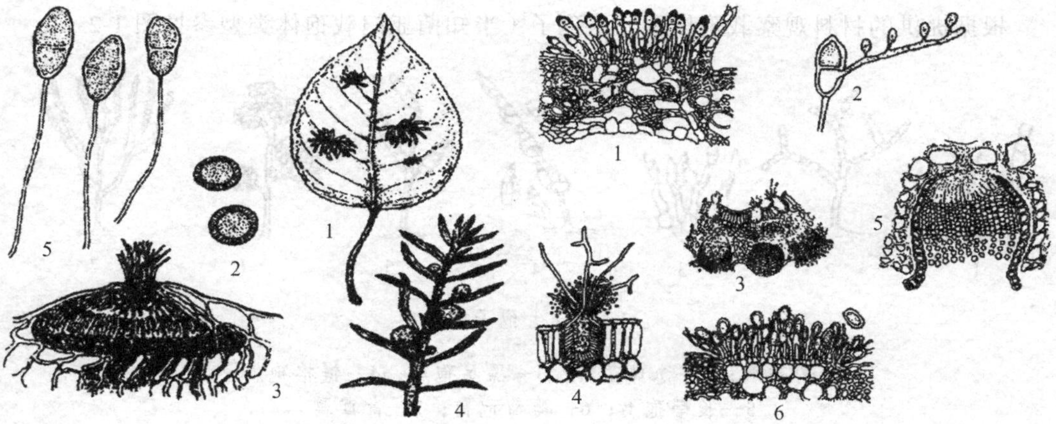

（a）梨胶锈菌（胶锈菌属）

1—梨树叶背病状；2—锈孢子；3—性孢子器；
4—柏树上的冬孢子角；5—冬孢子

（b）禾柄锈菌（柄锈菌属）

1—冬孢子堆和冬孢子；
2—冬孢子萌发产生担子和担孢子；
3—性孢子器和锈孢子器；4—放大的性孢子器；
5—放大的锈孢子器；6—夏孢子堆和夏孢子

图 1-2-8　锈菌目主要属症状和病菌特征（二）

（五）半知菌亚门病原菌形态观察

（1）观察瓜类白粉病标本受病部位的白色粉状物，镜检分生孢子梗长短及分枝情况、分生孢子形态，注意分生孢子是否单胞及链生。

（2）观察柑橘青霉病标本，镜检分生孢子梗及分生孢子，注意分生孢子梗是否为扫帚状分枝，顶端是否膨大。

（3）观察番茄灰霉病标本，注意腐烂状和被害部位的灰色霉状物，镜检分生孢子梗及分生孢子着生情况。

（4）取黄瓜黑星病标本，观察症状。镜检分生孢子梗颜色、分枝情况及分生孢子形态和颜色。

（5）取番茄叶霉病病叶，自叶背病斑处挑取褐色霉层制片，观察分生孢子梗及分生孢子的形态、颜色、有无隔膜。

（6）取苹果炭疽病标本，观察受害部位、病斑形状，注意病部是否凹陷，是否产生小黑点。镜检分生孢子盘是否生有褐色具分隔的刚毛及分生孢子梗与分生孢子形态。

（7）观察苹果树腐烂病标本，注意发生部位和症状特点，用刀切取带小黑点的病皮制片，镜检分生孢子器及分生孢子的形态，注意观察分生孢子器是否着生在瘤状子座组织中。

（8）取番茄斑枯病或芹菜斑枯病标本观察症状特点，取带小黑点的叶切制片，镜检分生孢子器及分生孢子形态，注意分生孢子是针形、线形还是细长筒形，是单细胞还是多细胞，有无颜色。

根据提供的材料观察载孢体及分生孢子（半知菌亚门载孢体类型参见图 1-2-9）。

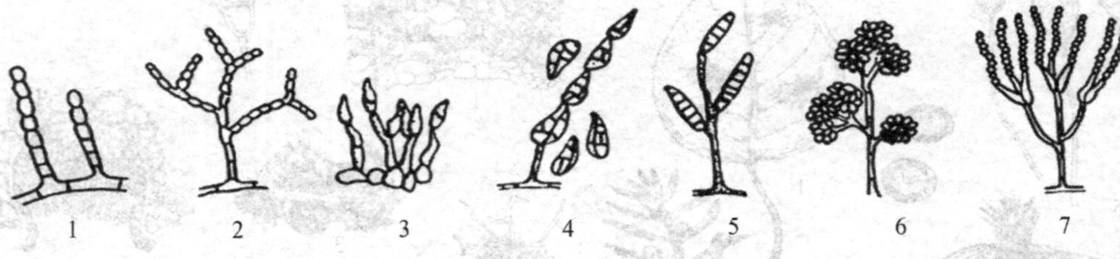

（a）分生孢子梗

1—粉孢属；2—念珠菌属；3—黑星孢属；4—链格孢属；5—长蠕孢属；6—葡萄孢属；7—青霉属

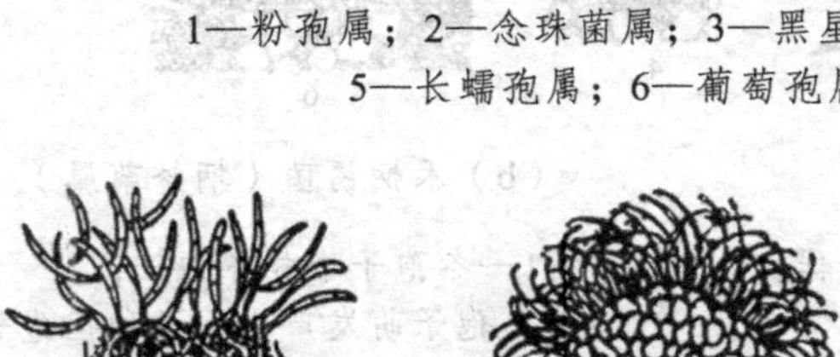

（b）分生孢子座

1—镰刀菌属；2—瘤座孢属

（c）孢梗束　粘束孢属

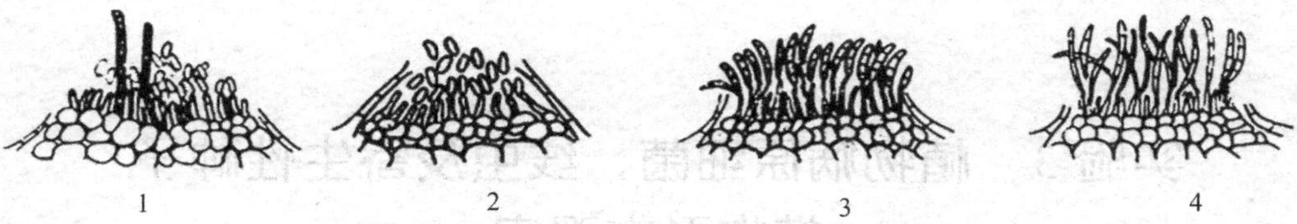

（d）分生孢子盘

1—刺盘孢属；2—盘长孢属；3—棒盘孢属；4—柱盘孢属

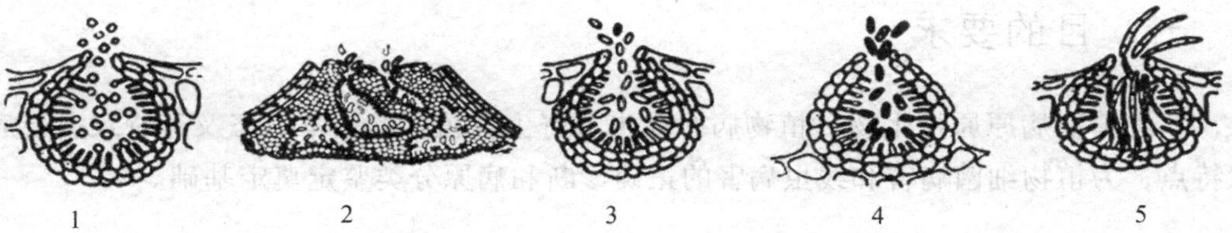

（e）分生孢子器

1—叶点霉属；2—壳囊孢属；3—球壳孢属；4—色二孢属；5—壳针孢属

图 1-2-9 半知菌亚门载孢体的类型

五、作　业

（1）绘图：5 个亚门真菌的病原菌各选择一个材料，绘无性时期和有性时期（没有此阶段除外）病原形态图。

（2）列表比较病原真菌 5 个亚门的形态特征（分无性时期和有性时期）和代表病害。

六、思考题

为什么大多数半知菌亚门真菌所致病害一旦条件适宜很容易扩大蔓延？

实验 3　植物病原细菌、线虫及寄生性种子植物形态观察

一、目的要求

熟悉植物病原原核生物、植物病原线虫及寄生性植物的基本形态及其所致病害症状特点，为植物细菌病害和线虫病害的正确诊断和病原分类鉴定奠定基础。

二、材　料

以下园艺植物病害新鲜材料或标本、病原菌玻片标本：软腐病、细菌性角斑病、根癌病、细菌性穿孔病、青枯病、溃疡病、黑腐病、茎线虫、根结线虫、叶线虫病、菟丝子、列当、槲寄生（冬青）等；培养皿中培养的细菌性穿孔病菌、茄青枯病菌或白菜软腐病菌或其他细菌。

染色液（苯酚品红染液或结晶紫草酸铵），香柏油和乙醇等。

三、仪器和用具

光学显微镜和体视显微镜、放大镜、解剖刀、刀片、镊子、挑针、载玻片和盖玻片等。

四、内容与方法

（一）细菌病害症状及菌溢观察

（1）症状观察　观察植物细菌病害新鲜材料或标本，特别注意观察病斑是否有水渍状或油渍状晕圈出现。是否有萎蔫、穿孔、畸形等病状。

（2）菌溢观察　取马铃薯环腐病或黄瓜细菌性角斑病新鲜标本，在病健交界处剪取小块病组织（4 mm×4 mm），置载玻片上滴加一滴无菌水，盖好盖玻片后，立即在光学显微镜下观察，注意剪断处会有大量的细菌，呈云雾状溢出（将视野亮度调暗，观察效果较好），以健康组织镜检反证。

（二）细菌培养性状观察

1. 菌落观察

取培养皿中培养的植物病原细菌，注意菌落颜色、大小、质地，比较与植物病原真菌菌落有哪些不同。

2. 细菌染色观察

（1）涂片：取干净的载玻片，加一滴无菌水，从培养菌落上挑取适量细菌放于载玻片上水滴中，均匀涂布成薄层后，自然晾干。

（2）固定：将涂片在酒精灯火焰上缓慢通过 2 ~ 3 次进行固定。

（3）染色：将苯酚品红染液或结晶紫草酸铵染液滴于涂片上，染色 1 min。

（4）水洗：斜置载玻片，用洗瓶冲去多余染液，注意不可洗去涂抹的菌液。

（5）吸干：用滤纸吸去水分，晾干或用微火烘干。

（6）镜检：将制片找到观察部位，再用油镜观察细菌形态。观察前先在细菌涂面上滴少许香柏油，再慢慢将镜头下放，使油镜头浸入油滴中，用微动螺旋慢慢将油镜向上提至观察物象清晰为止。镜检完毕后，用镜头纸沾乙醇轻擦镜头，除净附油（图 1-3-1 中酒精脱色和番红复染为革兰氏鉴定，可选择进行）。

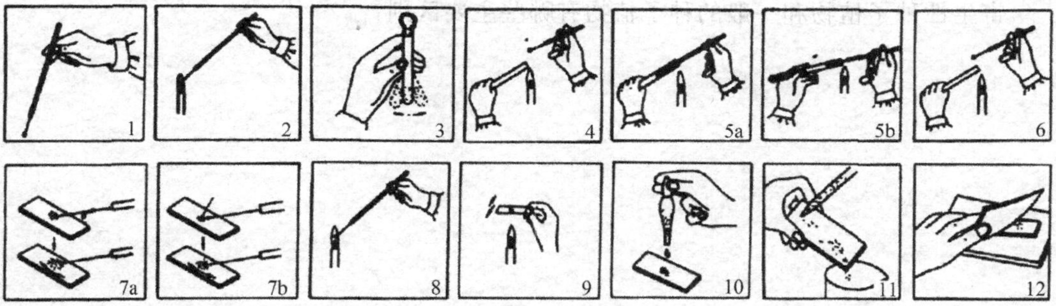

1—取接种环；2—烧环（接种环火焰灭菌）；3—细菌悬液的混匀；4—取下试管棉塞；5—取出细菌；6—烧试管口后封口；7—涂片；8—烧环（防止污染）；9—火焰固定；10—滴加染液；11—水洗；12—吸干

图 1-3-1 细菌染色过程

（三）线虫形态观察

取松树线虫、花生根结线虫或其他叶线虫新鲜标本或永久玻片，注意观察线虫体形态、大小、雌雄成虫形态差异等特点。

（四）寄生性植物观察

（1）菟丝子 取大豆或其他寄主菟丝子标本，观察菟丝子的茎、叶形状及颜色。镜检被菟丝子寄生的寄主茎的横切面制片，观察菟丝子吸根的形状，注意菟丝子是如何与寄主导管和筛管相连的。

（2）槲寄生　取槲寄生（冬青）标本，注意观察其形态及与寄主的寄生关系，比较其与菟丝子及列当有何不同。

（3）列当等其他寄生性植物　观察形态及与寄主的关系。

五、作　业

（1）任选 5 个细菌病害标本，将观察结果填入表 1-3-1：

表 1-3-1　植物病原细菌标本观察记录表

寄主	病害	发病部位	症状描述	病原细菌培养性状（选）

（2）当发现茄科和葫芦科植物出现萎蔫症状时，怎样判断是细菌病害还是真菌病害？

（3）分雌雄绘线虫形态图。

六、思考题

寄生性种子植物和一般的种子植物有哪些主要区别？

项目 2　植物昆虫基础

实验 4 昆虫外部形态及虫态观察

一、目的要求

（1）认识昆虫外部形态的基本构造和特征。

（2）认识昆虫不同发育阶段各虫态类型特点和变态昆虫的生活史特征。

二、材 料

卵块或卵标本：菜粉蝶、天蛾、蝽象、叶蝉、地老虎、玉米螟、瓢虫、蝗虫等。

若虫标本：蝗虫、蚜虫、蝽象等。

幼虫、蛹及成虫标本：金龟子、瓢虫、菜粉蝶、尺蛾、象甲、苍蝇、叶蜂、寄生蜂等。

生活史标本：菜粉蝶、蝼蛄等。

三、仪器和用具

体视显微镜、放大镜、培养皿、镊子、解剖针等。

四、内容与方法

（一）昆虫外部形态观察

1. 昆虫体躯外骨骼及分节、分段情况观察

以蝗虫为例在解剖镜下观察蝗虫的体躯分节、分段现象以及各体节间的连接情况（参见图 1-4-1）。

2. 昆虫头部观察

（1）昆虫复眼和单眼观察 观察提供标本昆虫的复眼和单眼的位置形态及数目。

（2）昆虫触角的基本构造及类型观察 用放大镜观察提供标本昆虫触角的柄节、梗节和鞭节的基本构造（参见图 1-4-2）。

（3）昆虫口器观察

① 咀嚼式口器 以蝗虫为例，用解剖针依次取下上唇、上颚、下颚、下唇和舌，观察每部分的结构[蝗虫的咀嚼式口器参见图 1-4-3（a）]。

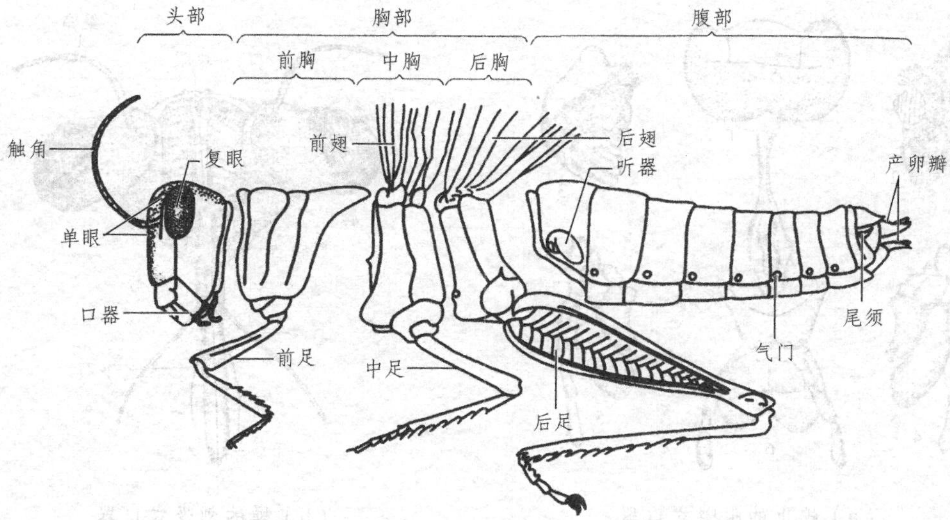

图 1-4-1 昆虫体躯侧面图（以蝗虫为例）

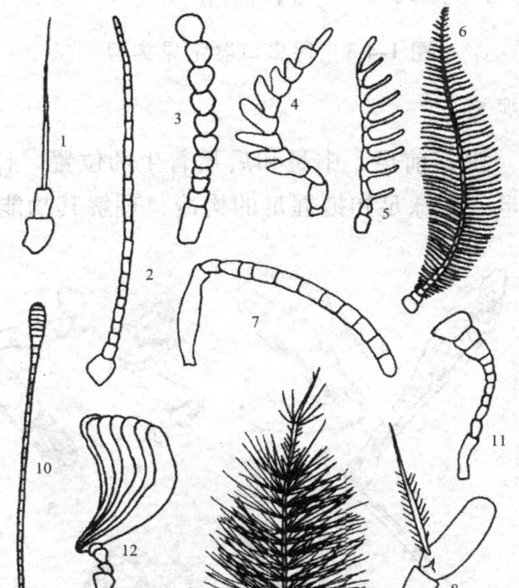

1—刚毛状；2—丝状；3—念珠状；4—锯齿状；5—栉齿状；
6—羽毛状；7—膝状；8—具芒状；9—环毛状；
10—球杆状；11—锤状；12—鳃片状

图 1-4-2 昆虫触角的基本类型

② 刺吸式口器　以蝉为材料，在体视显微镜下用解剖针依次挑出口针（喙）、上唇、下唇、上颚和下颚（由于钳合较紧，故不易分开），最后看到食物道和唾液道[蝉的刺吸式口器参见图 1-4-3（b）]。

③ 虹吸式口器　观察蛾、蝶类标本。

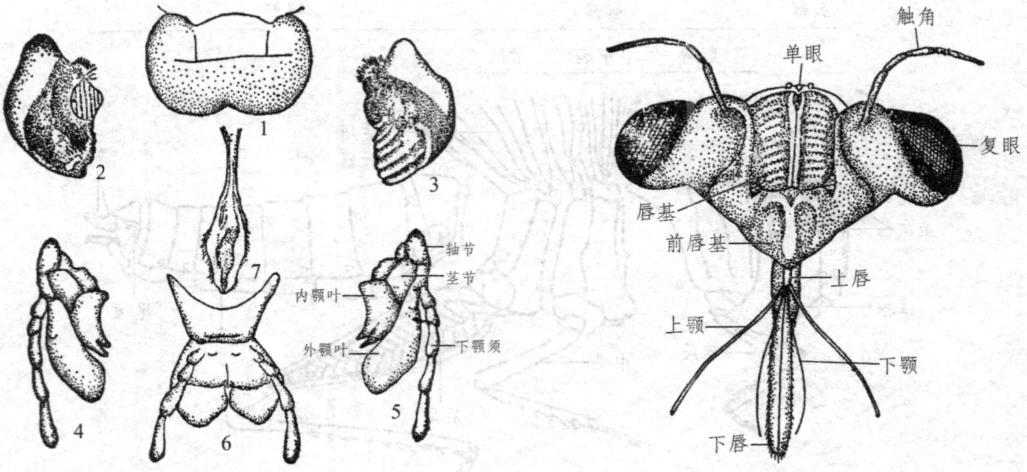

（a）蝗虫的咀嚼式口器　　　　　　（b）蝉的刺吸式口器

1—上唇；2，3—上颚；4，5—下颚；6—下唇；7—舌

图 1-4-3　昆虫口器常见类型

3. 昆虫胸部构造观察

（1）胸足类型观察　观察前足、中足和后足着生的位置。比较步行足、跳跃足、捕捉足、开掘足、携粉足、游泳足和抱握足的构造，理解其功能（参见图 1-4-4）。

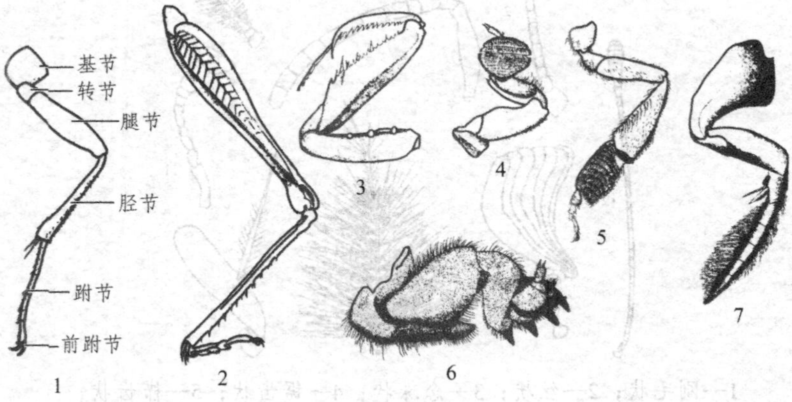

1—步行足的基本结构；2—跳跃足；3—捕捉足；4—抱握足；
5—携粉足；6—开掘足；7—游泳足

图 1-4-4　昆虫足的基本构造和类型

（2）翅的基本构造和类型观察　观察膜翅、覆翅、鞘翅、半鞘翅、缨翅、鳞翅、平衡棒的质地、被覆物和特征。选择标本观察前后翅的形状、分区和翅脉的分布（参见图 1-4-5）。

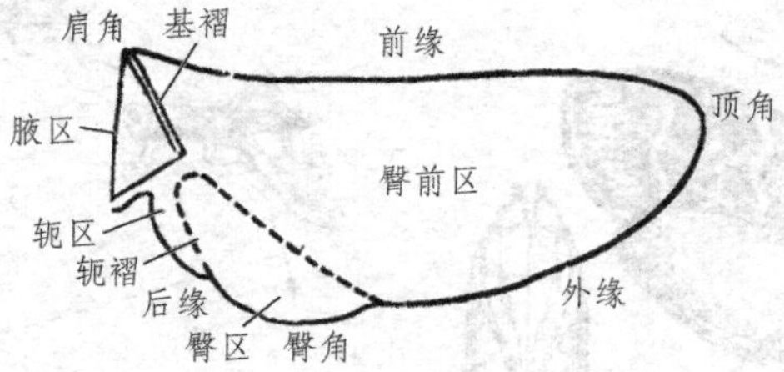

（a）翅的基本构造

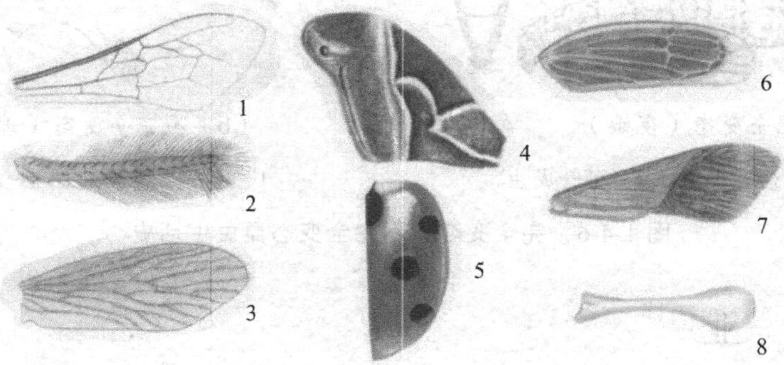

（b）翅的基本类型

1—膜翅；2—缨翅；3—毛翅；4—鳞翅；5—鞘翅；
6—复翅（覆翅）；7—半翅；8—平衡棒

图 1-4-5 昆虫翅的基本构造和类型

4. 昆虫腹部构造观察

观察不同昆虫腹部的节数和尾须形状。观察雌蝗虫的产卵瓣和雄蝗虫的交尾器（即阳具）。

（二）昆虫各发育阶段形态特征观察

（1）观察鳞翅目和直翅目昆虫，比较昆虫完全变态和不完全变态生活史标本的主要区别（参见夜蛾和蝗虫生活史标本图 1-4-6）。

（2）用体视显微镜或放大镜观察所提供各种标本的卵的形态、大小、颜色、卵块排列情况及有无保护物等。

（3）比较观察蝗虫、蟋象、有翅蚜等若虫和成虫形态上的异同。

（4）观察蝶蛾类、甲虫类、蝇类等幼虫和成虫的主要区别。

（5）观察棉铃虫、菜粉蝶、苍蝇、瓢虫等蛹的形态，注意所属类型及特征。

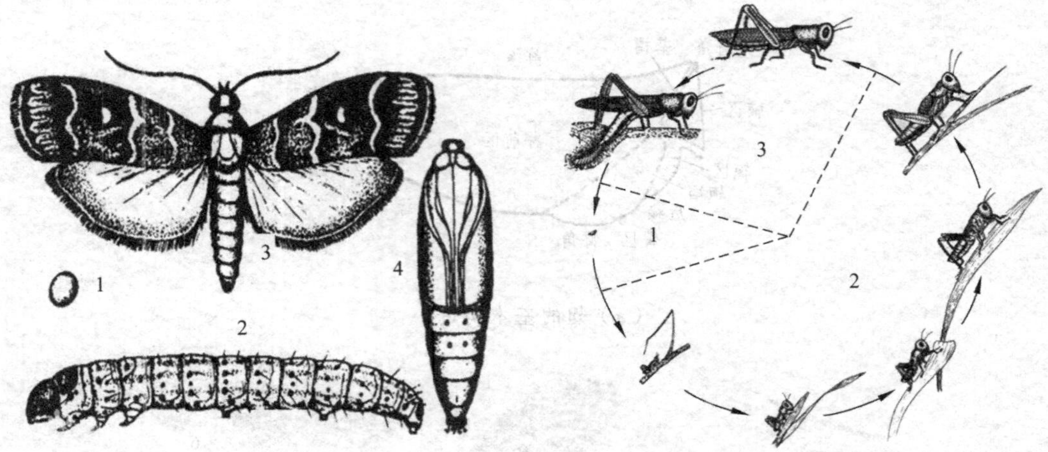

（a）完全变态（夜蛾）

1—卵；2—幼虫；3—蛹；4—成虫

（b）不完全变态（蝗虫）

1—卵；2—若虫；3—成虫

图 1-4-6　完全变态和不完全变态昆虫生活史

五、作　业

（1）选择标本，绘卵、若虫（幼虫）、蛹、成虫图各一个。

（2）绘蝶或蛾类前翅形态图，标明三边、三角和主要翅脉的名称。

（3）任选 10 个昆虫标本，将观察结果填入表 1-4-1：

表 1-4-1　昆虫成虫基本构造观察记录表

昆虫名称	分类	口器	触角	翅（质地、被覆物和形态）	足类型		
					前足	中足	后足

六、思考题

昆虫足的构造和功能变化是怎样适应生活环境和生活方式的？

实验 5　常见科昆虫的形态特征观察

一、目的要求

（1）识别直翅目、半翅目、同翅目、鞘翅目、鳞翅目、双翅目、膜翅目、缨翅目、脉翅目等昆虫纲及蛛形纲螨类的主要科形态特征。

（2）掌握以上各目的代表性昆虫。

二、材　料

以下昆虫成虫的针插标本、浸渍标本、昆虫盒式分类标本等。

直翅目：蝗科、蝼蛄科、蟋蟀科；

半翅目：蝽科、缘蝽科、网蝽科、猎蝽科；

同翅目：蝉科、叶蝉科、蚜科、木虱科、粉虱科、蚧科；

鞘翅目：步甲科、瓢甲科、天牛科、芫菁科、金龟子科、叶甲科、象甲科、小蠹科；

鳞翅目：夜蛾科、灯蛾科、螟蛾科、菜蛾科、粉蝶科、凤蝶科、眼蝶科、灰蝶科等；

双翅目：食蚜蝇科、寄蝇科、瘿蚊科、实蝇科、种蝇科等；

膜翅目：叶蜂科、茎蜂科、姬蜂科、茧蜂科、蚁科等；

缨翅目：蓟马科；

脉翅目：草蛉科；

螨类：叶螨科、叶瘿螨科。

另外提供一些没有鉴定的昆虫标本。

三、仪器和用具

体视显微镜、放大镜、镊子、挑针、培养皿等。

四、内容与方法

（一）昆虫纲主要目的特征

1. 直翅目

体中至大型。下口式。口器咀嚼式。复眼发达，单眼 3 个。触角常为丝状，由多节组成。一般有翅 2 对，前翅狭长、革质，起保护作用，称覆翅；后翅膜质，臀区大；也有无翅或短翅的。除蝼蛄类前足为开掘足外，大多数后足为跳跃足。雌虫产卵器通常发达。有翅种类具听器。很多雄虫具发音器。渐变态，若虫的形态、生活环境、取食习性和成虫均相似。多数为植食性，少数为捕食性，如螽蟖科的一些种类，主要包括蝗虫、螽蟖、蟋蟀、蝼蛄等重要的园艺害虫。

观察直翅目蝗虫、蝼蛄、蟋蟀和螽斯的主要特征及区别，注意触角的长短、形状、翅的质地和形状、前胸背板、听器及产卵器的特征。

（1）蝗科

一般大型。触角丝状较短，少数为剑状或棒状。前胸背板发达，马鞍型，盖住中胸。多数种类具有两对发达的翅，跗节 3 节。腹部第 1 节两侧有 1 对鼓膜听器，少数无翅、无听器，雄虫能以后足腿节摩擦前翅发音，产卵器钻头状。如东亚飞蝗、黄脊竹蝗、青脊竹蝗[参见图 1-5-1（a）]。

（2）蝼蛄科

触角丝状细长。前足为典型的开掘足，胫节阔，有 4 齿，跗节基部有 2 齿，后足腿节不甚发达。前翅短，后翅长，伸出腹末如尾状。尾须长，无外露产卵器。如华北蝼蛄、非洲蝼蛄等[参见图 1-5-1（b）]。

（3）蟋蟀科

触角丝状细长；跗节多为 3 节，听器位于前足胫节基部；产卵器针状或矛状。尾须长而不分节。如大蟋蟀、油葫芦等[参见图 1-5-1（c）]。

（4）螽斯科

触角丝状细长，跗节 4 节；翅通常发达，也有短翅或无翅种类；产卵器刀或剑状，多产卵于植物的组织内，如露螽[参见图 1-5-1（d）]。

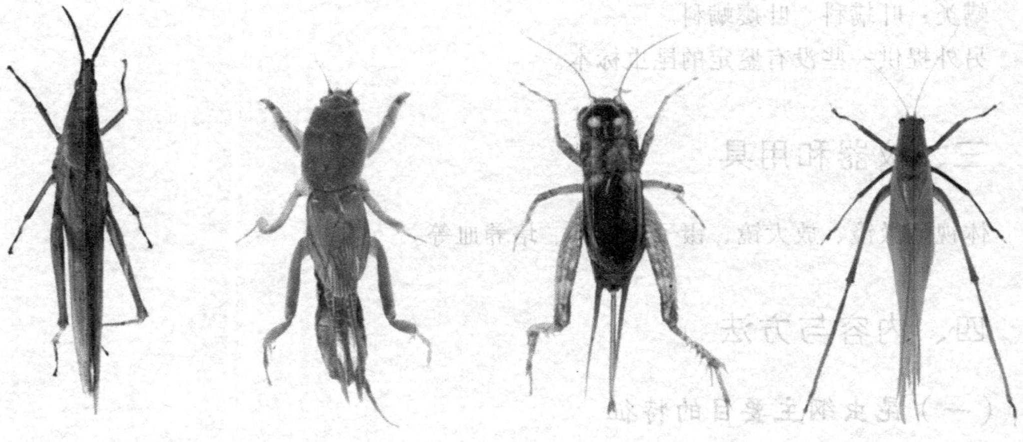

（a）蝗科　（b）蝼蛄科　（c）蟋蟀科　（d）螽斯科

图 1-5-1　直翅目

2. 半翅目

体小至大型。单眼 2 个或无。触角 3～5 节。刺吸式口器，下唇延长形成分节的喙，喙通常 4 节，从头部的前端伸出。前胸背板大，中胸小盾片发达。前翅为半鞘翅；后翅膜质。多数种类具有臭腺。渐变态。大多陆生，少数水生。捕食性或植食性，危害观赏植物，刺吸其茎、叶、花或果实的汁液。通称蝽象。

观察半翅目蝽象的形态特征，注意头式、喙分节情况及位置、触角的类型、单眼的有无；前胸背板和中胸小盾片的位置和形状，前翅的质地和分区情况；臭腺的有无和位置。

（1）蝽科

体小至大型。头小，三角形，触角 5 节，偶有 4 节。喙 4 节。有单眼。前胸大，侧角有时呈刺状。小盾片发达，三角形，超过前翅爪片的长度。前翅膜质区的纵脉，多从一基横脉上分出。跗节 3 节。大多数为植食性。如黄斑蝽、荔蝽、麻皮蝽等[参见图 1-5-2（a）]。

（2）缘蝽科

体中型至大型。触角 4 节。具单眼。喙 4 节。小盾片通常三角形，较小，不超过爪片长度，静止时，小盾片被爪片包围，爪片形成完整的接合缝。膜片上有 8～9 条纵脉，通常基部无翅室。足较长，有些种类后足腿节膨大，一些种类后足胫节扩展成叶状。本科种类均为植食性[参见图 1-5-2（b）]。

（3）长蝽科

体小至中型。触角 4 节。具单眼。喙 4 节。膜片上有 4～5 条纵脉。跗节 3 节。大多数种类取食种子或吸食植物汁液，少数种类为捕食性。如小长蝽等[参见图 1-5-2（c）]。

（4）红蝽科

中型至大型。形状和长蝽相似，但无单眼，前翅膜片基部有 2～3 个翅室，翅室外侧有许多分枝的翅脉。栖息于植物表面或在地表爬行，植食性。如棉红蝽[参见图 1-5-2（d）]。

（5）网蝽科

又称军配虫。体小而扁，体长多在 5 mm 以下。触角 4 节，以第 3 节最长。喙 4 节。无单眼。头顶、前胸背板及前翅呈网状花纹。前胸背板向后延长覆盖中胸小盾片，两侧扩展成侧背板。前翅质地均一，不分成革质与膜质两部分。足正常，跗节 2 节。若虫暗黑色，体侧有刺突。常见的有梨网蝽、方翅网蝽等[参见图 1-5-2（e）]。

（6）猎蝽科

体中型至大型，头较小，头与前胸之间收缢成颈状。触角 4 节，有单眼。喙 3 节，粗短而弯曲，不能平贴于身体腹面，端部尖锐。前胸腹板两前足间具有一横皱的纵沟，前胸背板则横凹分为两叶。前翅膜片基部有 2～3 个翅室，端部伸出 1 纵脉。少数种类无翅。不少种类前足为捕捉足。常见黄足猎蝽[参见图 1-5-2（f）]。

（7）花蝽科

体微小至小型。触角 4 节，喙 3 或 4 节。通常有单眼。前翅有明显的缘片和楔片，膜质部分有不明显的纵脉 1～3 条。跗节 2 或 3 节。如小花蝽[参见图 1-5-2（g）]。

（8）盲蝽科

小型或中型。触角 4 节，喙 4 节；无单眼。前翅分为革片、爪片、楔片及膜片，在膜片基部有 1 或 2 个小翅室，其余翅脉均消失。同一种类常有长翅型、短翅型和无翅型。如食蚜盲蝽[参见图 1-5-2（h）]。

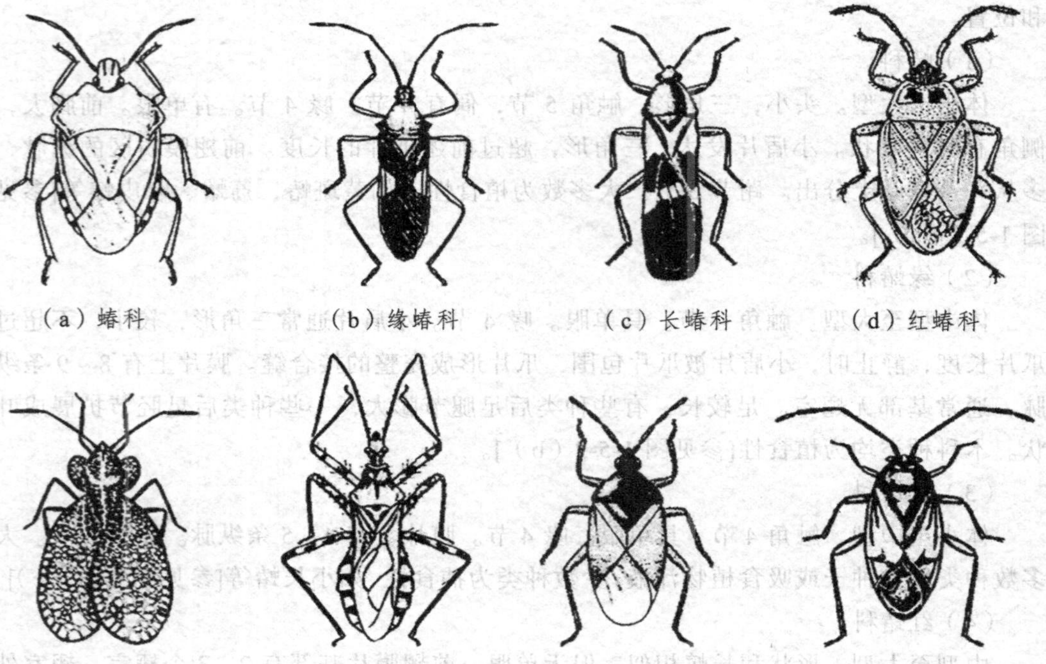

（a）蝽科　（b）缘蝽科　（c）长蝽科　（d）红蝽科

（e）网蝽科　（f）猎蝽科　（g）花蝽科　（h）盲蝽科

图 1-5-2　半翅目

3. 同翅目

体微小至大型。触角刚毛状或丝状。刺吸式口器，从头部腹面的后方伸出，喙通常 3 节。前翅革质或膜质，后翅膜质，静止时平置于体背上呈屋脊状，有的种类无翅。有些蚜虫和雌性介壳虫无翅，雄介壳虫后翅退化成平衡棒。渐变态，粉虱及雄蚧为过渐变态。两性生殖或孤雌生殖。植食性，刺吸植物汁液，造成生理损伤，并可传播病毒或分泌蜜露，引起煤污病。包括蝉、叶蝉、蚜、蚧等。

观察比较同翅目蝉、叶蝉、角蝉、沫蝉、蜡蝉、蚜虫、飞虱、木虱、粉虱、白粉虱的触角类型、喙的位置、前翅的质地、翅停息时的状态。观察蚜虫的腹管和尾片的形态特征。包括蝉、叶蝉、蚜、蚧等。

（1）蝉科

中至大型。有复眼，单眼 3 个，呈三角形排列于头顶中央。触角刚毛状，着生于复眼之间前方。胸部宽阔。雄虫腹部第 1 节腹面有发音器，雌虫具听器。翅宽大，膜质，善飞。前足腿节膨大，下缘具刺，跗节 3 节。常见种类有蚱蝉，如美洲 17 年蝉[参见图 1-5-3（a）]。

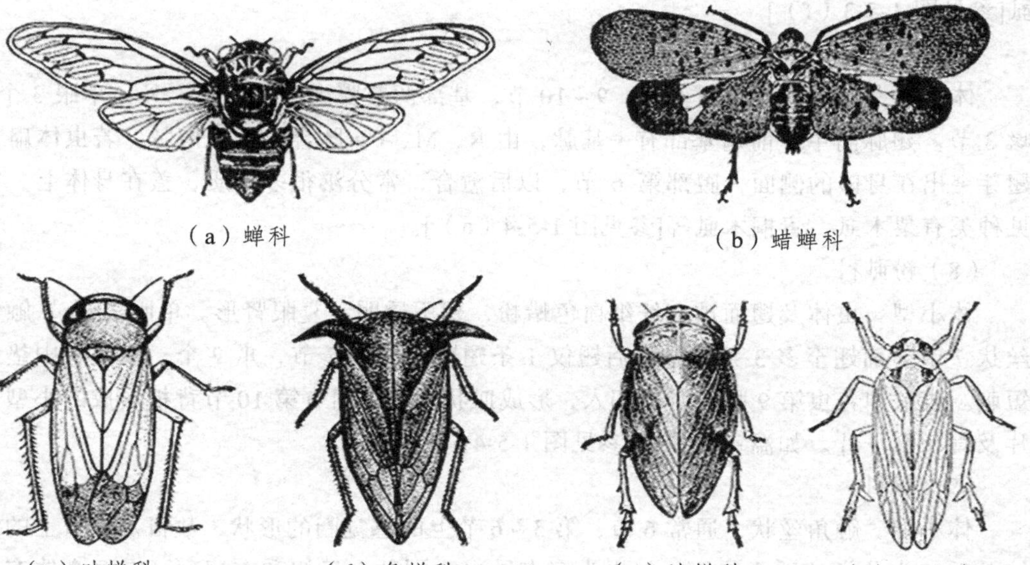

（a）蝉科　（b）蜡蝉科　（c）叶蝉科　（d）角蝉科　（e）沫蝉科　（f）飞虱科

图 1-5-3　同翅目不同科特征（一）

（2）蜡蝉科

中至大型。通常色彩，美丽。许多种类额与颊间形成隆堤，额常向前伸长似象鼻状。多数种类能分泌蜡粉。触角 3 节，着生于复眼下方，基部两节膨大如球形，鞭节刚毛状。单眼 2～3 个或退化。前翅有翅基片，端部翅脉多分叉、多横脉、呈网状，后翅臀区翅脉也呈网状。后足胫节有刺，跗节 3 节。如斑衣蜡蝉[参见图 1-5-3（b）]。

（3）叶蝉科

体小型，一般细长。单眼 2 个，位于头顶边缘或头顶与额之间。触角刚毛状，着生于两复眼之间或复眼前方。后足胫节有 1～2 列短刺。产卵器锯齿状。如大青叶蝉[参见图 1-5-3（c）]。

（4）角蝉科

体小型。单眼 2 个。触角短，第 3 节常又分若干环节。前胸背板有角状突。后足基节横向，能跳善走。刺吸植物汁液，分泌蜜汁，并招蚁取食。常见的种类如黑圆角蝉等[参见图 1-5-3（d）]。

（5）沫蝉科

小至中型。触角刚毛状。单眼 2 个。后足胫节有 1～2 个刺，端部有 1 圈短刺。若虫常有由肛门喷出白色泡沫而潜伏其间取食的习性。在 1 个泡状物内有 1 至数头虫，故又称吹泡虫，但成虫无吹泡能力[参见图 1-5-3（e）]。

（6）飞虱科

体小型。本科最显著的特征是后足胫节末端有 1 个可动的大距。善跳跃。在 1 种内常有长翅型和短翅型的个体。多生活于禾本科植物上，产卵于植物组织中。如褐飞虱[参见图 1-5-3（f）]。

（7）木虱科

体小型，形似蝉。触角丝状，9～10 节，基部两节膨大，末端分二叉。单眼 3 个。喙 3 节。翅脉简单，前翅基部有一基脉，由 R、M、Cu 脉合成，无横脉。若虫体扁，翅芽突出在身体的侧面，腹部第 6 节，以后愈合，常分泌很多蜡质，盖在身体上。常见种类有梨木虱、青桐木虱等[参见图 1-5-4（a）]。

（8）粉虱科

体小型。虫体及翅面被有纤细白色蜡粉，翅不透明。复眼肾形。单眼 2 个，触角丝状 7 节。前翅至多 3 条翅脉，后翅仅 1 条翅脉。跗节 2 节，爪 2 个，爪间有中垫或短刺。成虫和若虫第 9 腹节背面凹入，形成皿状孔。中间有第 10 节背板形成的小型盖片及管状肛下片。如温室白粉虱[参见图 1-5-4（b）]。

（9）蚜科

体小型。触角丝状，通常 6 节，第 3～6 节上的感觉圈的形状、数目及各节上的皱纹及毛，为分类的重要特征。蚜虫为多态昆虫，同种有无翅和有翅型，有翅个体有单眼，无翅个体无单眼。具翅个体 2 对翅，前翅大，后翅小，前翅近前缘有 1 条由纵脉合并而成的粗脉，端部有翅痣，后翅有 1 条纵脉，分出径脉、中脉、肘脉各 1 条。第 6 腹节背侧有 1 对腹管，腹部末端有 1 尾片，均为分类的重要特征。生活史极复杂，行两性生殖与孤雌生殖。被害叶片，常常变色，或卷曲凹凸不平，或形成虫瘿，或使植物畸形。蚜虫可传带植物病害，可使植物严重病变受损。由肛门排出的蜜露，有利于菌类繁殖，而使植物发生病害[参见图 1-5-4（c）]。

（10）球蚜科

体小型，长 1～2 mm。头、胸、腹背面蜡片发达，常分泌白色蜡粉、蜡丝覆盖身体。无翅球蚜及幼蚜触角 3 节，冬型触角甚退化，触角上有 2 个感觉圈。眼只有 3 小眼面。头部与胸部之和大于腹部。尾片半月形。腹管缺。雌蚜有产卵器。有翅型触角 5 节，有宽带状感觉圈 3～4 个。前翅只有 3 斜脉：1 根中脉和 2 根互相分离的肘脉；后翅只有 1 斜脉，静止时翅呈屋脊状。中胸盾片分为左右两片。性蚜有喙，活泼，雌性蚜触角 4 节。孤雌蚜和性蚜均卵生[参见图 1-5-4（d）（e）]。

（11）蚧总科

蚧类的形态非常特化，雌雄异型。一般为小型昆虫，体长 0.5～7 mm。大多数固定不动吸取植物汁液，体表常被有介壳，或披上各种粉状、绵状等蜡质分泌物。雌成虫与雄成虫的外形差别大。雌虫体无明显头、胸、腹三部的区分，无翅，大多数被各种蜡质分泌物所遮盖，属渐变态。雄虫过渐变态，真正的幼虫期一般仅 2 龄。雄成虫长形，只有 1 对薄的前翅，具分叉的脉纹，后翅特化为平衡棍，跗节 1 节。雄成虫寿命短，交配后即死去。有盾蚧科、绵蚧科、粉蚧科、坚蚧科等。

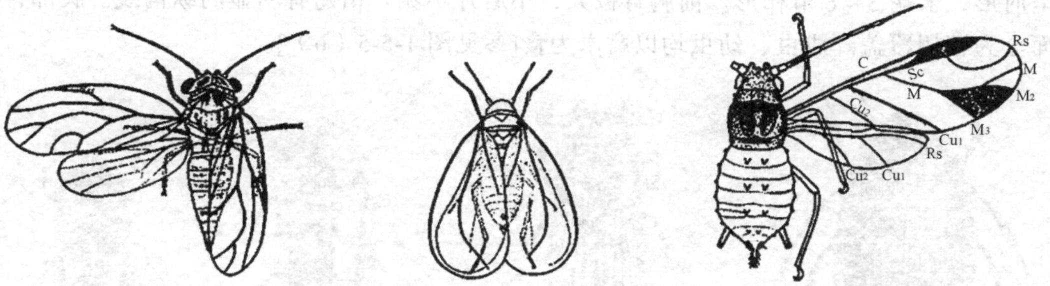

（a）木虱科　　（b）粉虱科　　（c）蚜科

（d）球蚜科（无翅成蚜背及腹面）　　（e）球蚜科（有翅瘿蚜）

图 1-5-4　同翅目不同科特征（二）

4．鞘翅目

体微小至大型（0.25 ~ 150 mm），体壁坚硬。口器咀嚼式。复眼发达，一般无单眼。触角形状变化多样，由 11 节组成。前胸发达，中胸小盾片外露。前翅硬化成角质，称鞘翅，休息时两鞘翅在背部中央相遇成一直缝。后翅膜质，比前翅大，不用时折叠于前翅下。少数种类无翅或无后翅，有的为短翅种类。跗节 3 ~ 5 节，变化大，为分科的重要依据。腹部一般 10 节，有的则减少，无尾须。幼虫无腹足，寡足型或无足型。大多数种类植食性，少数种类肉食性。完全变态。通称甲虫。

观察步甲、金龟子、吉丁夹、扣头甲、菊虎、龙虱、瓢甲、天牛、萤、芫菁、拟步甲、象甲、叶甲等鞘翅目昆虫前后翅质地、口器类型、头式、触角形状和数目、足的类型和各足跗节的数目。

（1）金龟甲科

小至大型。体色黑、蓝、绿、黄色，触角鳃叶状，由 3 ~ 7 节组成；上唇多外露骨化。各足 2 爪通常大小相等或各足上的 1 对爪不对称，大爪端部常分裂，尤以前、中足明显。幼虫称蛴螬，体呈 C 形弯曲，肛门裂多 3 裂状或横列状。常见的如华北大黑鳃金龟、铜绿丽金龟等[参见图 1-5-5（a）]。

（2）蜣金龟科

又称黑蜣科或蜣螂科，是鳃角类甲虫中较小的类群之一。体较狭长扁圆，鞘翅背面常较平，全体黑而亮。头部前口式，头背面多凹凸不平，有多个突起。上唇显著，上颚有 1 枚可活动的小齿，下唇颏深深凹缺，下颚外颚叶钩状。触角 10 节，常弯曲不呈肘形，末端 3 ~ 6 节栉形。前胸背板大，小盾片不见。鞘翅有明显的纵沟线。腹部背面全为鞘翅覆盖。成虫、幼虫均以腐木为食[参见图 1-5-5（b）]。

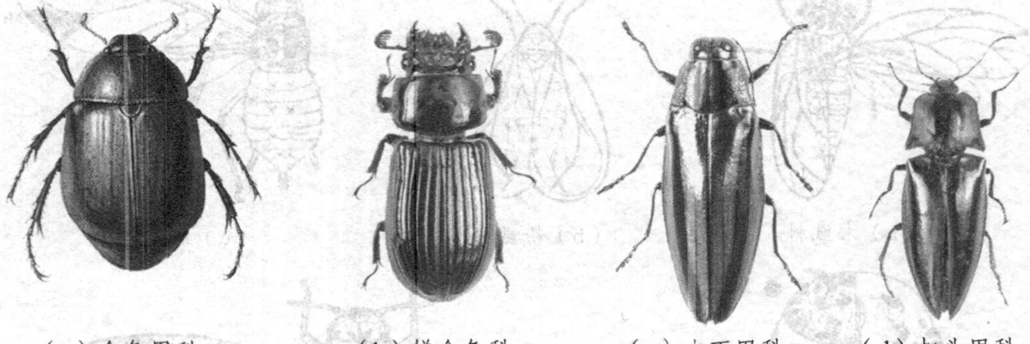

（a）金龟甲科　（b）蜣金龟科　（c）吉丁甲科　（d）扣头甲科

（e）菊虎科　（f）龙虱科　（g）瓢甲科

图 1-5-5　鞘翅目不同科特征（一）

（3）吉丁甲科

体形与叩头甲相似，但前胸后侧角无刺，前胸与鞘翅相接处不凹陷，前胸腹板扁平状，嵌入中胸腹板，不能活动。体常有鲜艳的金属光泽，触角锯齿状。腹部第 1、2 节腹板愈合。幼虫俗称“串皮虫”，体细长，前胸常扁平而膨大，无足，腹部 9 节，柔软。如苹果小吉丁虫[参见图 1-5-5（c）]。

（4）叩头甲科

小至中型，多为灰、褐或棕色。触角锯齿状，栉齿状或丝状。

前胸背板后缘角突出成锐刺，前胸与前翅相接处明显凹陷，前胸腹板具有向后延伸的刺状突，插入中胸腹板的凹沟内。幼虫通称金针虫，体细长，体壁光滑坚韧。如沟金针虫[参见图 1-5-5（d）]。

（5）菊虎科

体长 4 ~ 20 mm；体色蓝、黑、黄等；头方形或长方形；触角丝状，少数锯齿状或端部加粗；前胸背板多为方形，少数半圆或椭圆形；鞘翅软，有长翅和短翅两类型；足发达，胫端具强化刺；跗节 5-5-5，爪分单齿、双齿、附齿类型；雄虫腹部多为 9 ~ 10 节，雌虫 8 节。幼虫头约与前胸等宽；上颚细尖，具槽；触角 3 节；头部两侧多一个单眼；足 4 节，具跗爪节；腹部 10 节，无尾突。成、幼虫均捕食性。成虫多见于花草中，幼虫发现于土壤、苔藓或树皮下。个别杂食性种类危害作物及葫芦科秧苗。又称花萤[参见图 1-5-5（e）]。

（6）龙虱科

小至大型，体椭圆形，扁平而光滑，有光泽。触角丝状，11 节，着生于复眼边缘近上颌处。头阔，与前胸紧密嵌合。后翅发达。后足特化为游泳足，基节发达，左右相接。雄虫前足为抱握足。腹部背板可见 8 节，腹板可见 6 节。成虫和幼虫均水生，肉食性，多以水生昆虫为食料，常见种类如黄缘龙虱[参见图 1-5-5（f）]。

（7）瓢甲科

体小至中型。卵圆形，腹部平坦，背面半球形，呈瓢状，常具鲜艳色斑。头小，后部嵌于前胸。触角锤状。幼虫行动活泼，纺锤形或蛃型，腹部末端尖削，体上生有带有刺毛的突起或分枝的毛状棘。如七星瓢虫、黑缘红瓢虫、异色瓢虫、二十八星瓢虫等[参见图 1-5-5（g）]。

（8）天牛科

中至大型，体长形，触角长，多数种类长于身体，短角形触角短于身体。有些种类雌虫触角多为丝状而雄虫多为锯齿形，复眼肾形，围绕触角基部。跗节为隐 5 节。幼虫乳白色或黄白色，圆柱形而扁，前胸背板发达，扁平；胸足退化，但保留痕迹。如桑天牛、桃红颈天牛等[参见图 1-5-6（a）]。

（9）萤科

小至中型，长而扁平，体壁与鞘翅柔软。头小，前胸背板发达，盖住头部。眼半圆球形，雄性的眼常大于雌性。触角锯齿状，雄性为栉齿状或扇状。上颚弯曲，贯穿有沟。雄虫一般有鞘翅，盖住腹部和后翅。雌虫常无翅，但黄萤属雌、雄均有翅。鞘翅表面密布细短毛，鞘翅缘折基部宽。腹部 7～8 节，第 6、7 节有发光器，能发黄绿色光。幼虫褐色，长而扁平，前后两端尖细，体节明显，头小足发达。腹部第 8 节有发光器[参见图 1-5-6（b）]。

（10）芫菁科

体中型，长圆筒形，体色多样。头与体垂直，后头收缩成细颈状。足细长，跗节 5-5-4 式，爪 1 对，双裂。鞘翅较柔软，2 翅在端部分离，不合拢。复变态。幼虫以直翅目和膜翅目针尾组的卵为食。成虫体液含有芫菁素，为 1 种发泡剂，具有医疗价值。成虫植食性，如中华芫菁[参见图 1-5-6（c）]。

（11）步甲科

通称步行虫。小至大型，体黑色或褐色，具光泽，头前口式，比前胸狭；触角长丝状。两上颚不交叉。翅鞘上常有刻点或条纹，有的种类后翅常退化，不能飞翔，但行动敏捷，腹部可见腹板 6 节。成虫、幼虫均为肉食性，主要捕食一些小型昆虫、蜗牛、蚯蚓等。少数种类危害农林作物的嫩芽、种子等。如金星步甲为农田常见的种类，常捕食黏虫、地老虎等夜蛾类幼虫。如中华步甲、皱鞘步甲、黑广肩步甲等[参见图 1-5-6（d）]。

（12）象甲科

通称象鼻虫，小至大型。头部向前方伸出，长短不一。口器着生于头管端部。触角膝状，末 3 节膨大成锤状。跗节隐 5 节。幼虫体软，肥胖略弯曲，无足。如大灰象等[参见图 1-5-6（e）]。

（13）叶甲科

小至中型，体圆或椭圆形，成虫多具艳丽的金属光泽，因而又称金花虫。触角丝状，一般 11 节，个别 9 节或 10 节。跗节隐 5 节，某些种类后足特化为跳跃足。腹部可见 5 节腹板。幼虫寡足式，腹足呈退化状。成虫和幼虫均为植食性，许多种类对农、林、果、菜造成严重危害。叶甲科种类繁多，常见的种类如榆蓝叶甲、核桃扁叶甲等[参见图 1-5-6（f）]。

（14）虎甲科

与步甲科相似，但具有鲜艳的色斑和金属光泽。头下口式，等于或宽于前胸。触角丝状，11 节，两上颚交叉。后翅发达，善飞，白天活动，常静伏地面或低飞捕食小虫。如中华虎甲[参见图 1-5-6（g）]。

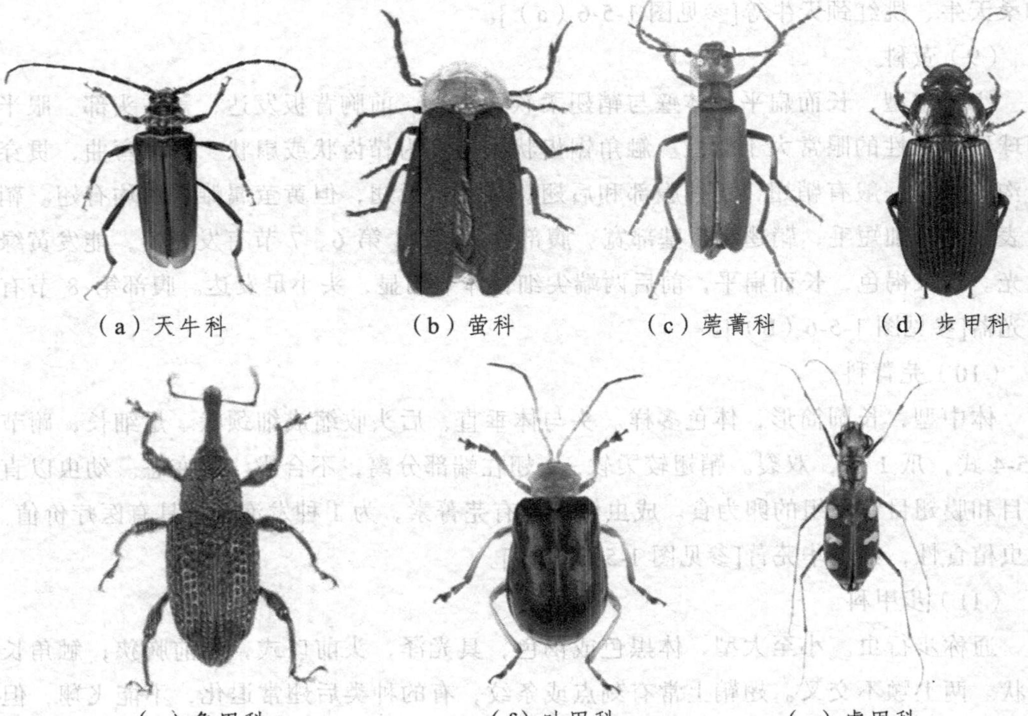

（a）天牛科　（b）萤科　（c）芫菁科　（d）步甲科　（e）象甲科　（f）叶甲科　（g）虎甲科

图 1-5-6　鞘翅目不同科特征（二）

5. 鳞翅目

体小至大型 3 ~ 77 mm，翅展 3 ~ 265 mm。口器虹吸式。复眼发达，单眼 2 个或无。触角细长，多节，蛾类中有丝状、栉齿状等多种形状，蝶类中则为球杆状。翅 2 对，膜质，翅面密布鳞片和毛；翅脉接近标准，但有的雌虫无翅。跗节 5 节，少数种类前足退化，跗节减少。腹部 10 节，无尾须。幼虫蠋型，除 3 对胸足外，腹部有 2 ~ 5 对腹足，腹足端部还有各种形式排列的趾钩。全变态。绝大部分为植食性，除少数成虫能危害外，均以幼虫危害。幼虫生活习性和取食方式多样化，大多在植物表面取食，咬成孔洞、缺刻；有的卷叶、潜叶，钻蛀种实、枝干等；或在土内危害植物的根、茎部等。通称蛾或蝶。

观察蝶类和蛾类成虫触角、翅的质地、口器类型、鳞片、斑纹形状和脉相等；观察鳞翅目幼虫的体形、类型、口器、腹足的数目和其他特征；比较识别小地老虎成虫翅面的斑纹和各部分的名称。

（1）蝶类

蝶类触角呈棍棒状或球杆状。前、后翅无特殊的连锁构造，后翅肩角常扩大，飞行时前翅贴接在后翅的上面。静止时双翅多直立于体背。蝶类均在白天活动，翅面常具鲜艳的色彩。

① 凤蝶科

多为大型、色彩鲜艳。翅三角形，后翅外缘呈波状，或有一燕尾状突起。底色黄色或绿色而有黑色斑纹，或黑色而有蓝、绿、红的色斑。前翅 R 脉分 5 支，在中室下与 A 脉基部间有一小横脉相连，后翅 A 脉仅 1 条，肩部有 1 钩状小脉。幼虫体光滑无毛，后胸隆起最高，前胸背中央有 1 可翻缩的分泌腺，“Y”形或“V”形，红色或黄色，受惊时翻出体外。也称“翻缩腺”。如柑橘凤蝶[参见图 1-5-7（a）]。

② 粉蝶科

多数为中等大小的蝴蝶，白色或黄色，有黑色缘斑，少数种类有红色斑点。前翅三角形，后翅卵圆形。前翅 R 脉分 3 支或 4 支，A 脉仅 1 条。后翅 A 脉 2 支，内缘凸出，栖息时包裹腹部。幼虫体表有很多小突起和次生刚毛。如菜粉蝶[参见图 1-5-7（b）]。

③ 蛱蝶科

中型或大型，翅面有各种鲜艳的色斑。雌雄蝶前足都很退化，也称四足蝶。雄蝶跗节 1 节，雌蝶跗节 4 ~ 5 节。翅面鲜艳，前翅 R 脉分 5 支，A 脉 1 条。后脉 A 脉 2 条。幼虫通常色深，头部常有突起或棘刺，体上常有成对的棘刺。如大红蛱蝶[参见图 1-5-7（c）]。

（2）蛾类

蛾类触角有丝状、羽状、栉齿状等多种形状。除少数科外，后翅前缘基部常有 1 根（雄性）或几根（雌性）翅缰，插在前翅下面的翅缰钩内。静止时双翅常盖在身上平铺或呈屋脊状。蛾类多在晚间活动，翅面色彩一般不及蝶类的绚丽。

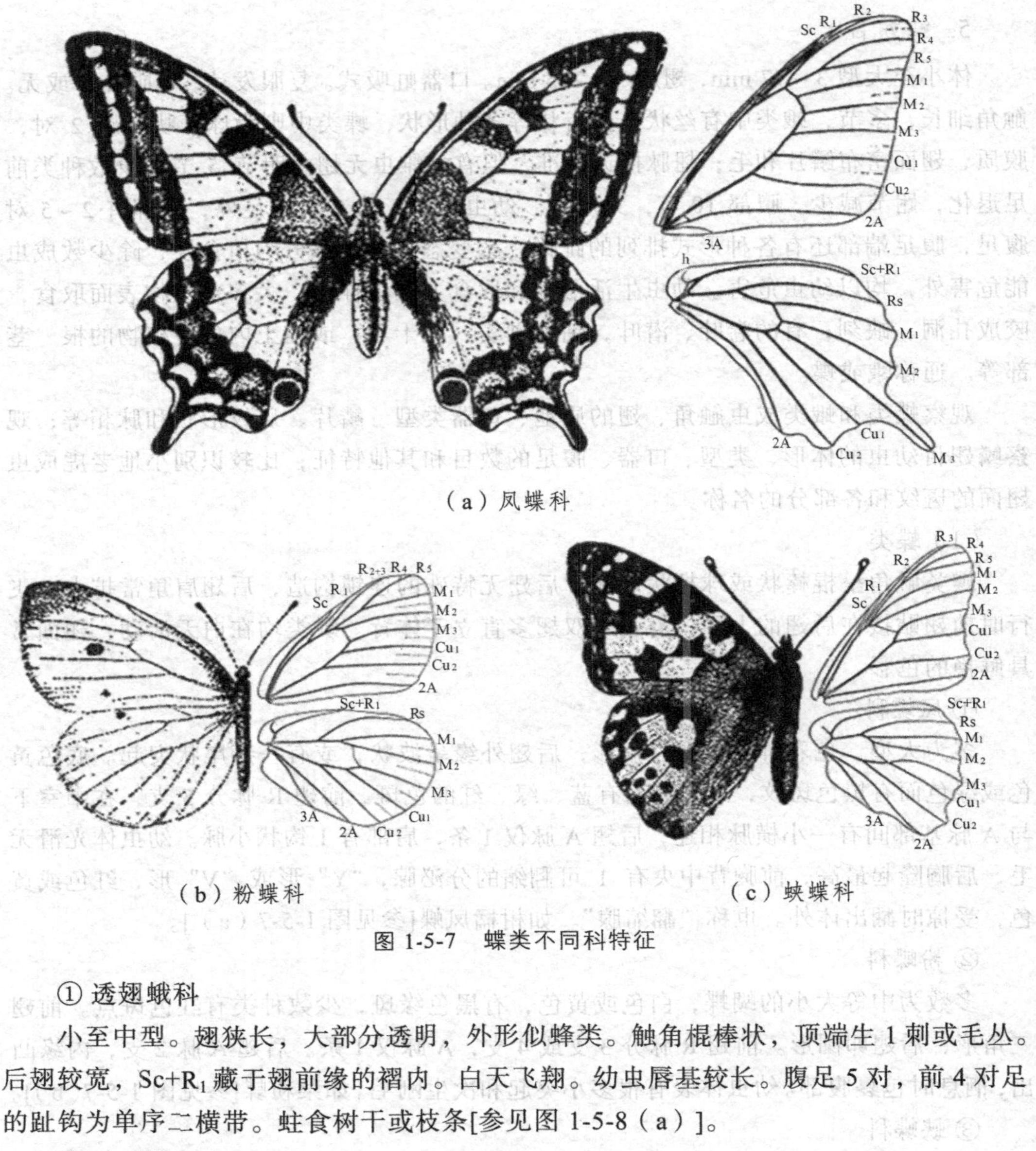

（a）凤蝶科

（b）粉蝶科

（c）蛱蝶科

图 1-5-7　蝶类不同科特征

① 透翅蛾科

小至中型。翅狭长，大部分透明，外形似蜂类。触角棍棒状，顶端生 1 刺或毛丛。后翅较宽，$Sc+R_1$ 藏于翅前缘的褶内。白天飞翔。幼虫唇基较长。腹足 5 对，前 4 对足的趾钩为单序二横带。蛀食树干或枝条[参见图 1-5-8（a）]。

② 蝙蝠蛾科

体一般中型，个别极大或极小，多杂色斑纹。头较小，单眼无或很小，口器退化。触角短，丝状，少数为栉齿状。前胸发达。翅宽阔或狭长，Rs 自近翅基处分出，再行两次分叉，M 脉完全；前翅有翅轭，后翅无翅缰。足较短，缺胫距，雄虫后足具毛丛。飞行状类似蝙蝠而得名。幼虫胸足 3 对，腹足 5 对，趾钩多列环式；生活于木材中[参见图 1-5-8（b）]。

③ 木蠹蛾科

中至大型，体粗壮，无喙。翅一般为灰褐色，具有黑斑纹；前、后翅的中室内有中脉主干及其分支形成的副室；后翅的 Rs 与 M_1 在中室外侧有一小段共柄。幼虫粗壮；

黄白色或红色；腹足趾钩为 2 或 3 序环。钻蛀多种树木[参见图 1-5-8（c）]。

④ 灯蛾科

与夜蛾科相似，但体色鲜艳，通常为红色或黄色或白色，且多具条纹或斑点。成虫触角丝状或羽状。前翅 M_2、M_3 与 Cu 接近；后翅 $Sc+R_1$ 与 Rs 自基部合并，至中室中部或以外才复分开。幼虫体具毛瘤，生有浓密长毛丛，毛的长短不一致，中胸在气门水平上具 2～3 个毛瘤。卵圆形，表面有网状花纹。如美国白蛾、红腹灯蛾[参见图 1-5-8（d）]。

⑤ 夜蛾科

体中型至大型，粗壮多毛，体灰暗色。触角丝状，少数种类的雄性触角羽状，背面常有竖起的鳞片丛。前翅颜色灰暗，多具色斑，中室后缘有脉 4 支中室上角外常有 R 脉形成的副室，中室上角外常有 R 脉形成的副室。后翅多为白色或灰色，$Sc+R_1$ 与 Rs 在中室基部有一小段接触又分开，造成一小基室。后翅多为白色或灰色。幼虫体粗壮，光滑，色较深。如地老虎类、棉铃虫等[参见图 1-5-8（e）]。

⑥ 毒蛾科

体中型而粗壮，胸、腹部及前足多毛。口器与下唇须均退化。触角羽状。无单眼。很多种类雌虫腹末有成簇的鳞毛。前翅 R_2～R_5 共柄，常有一副室，M_2 与 M_3 接近。后翅 $Sc+R_1$ 在中室 1/3 处与中室相接触。幼虫被毒毛，毛长短不齐，生于第 1～8 节的毛瘤上。腹部第 6、7 节或第 7、8 节背面中央各具 1 翻缩腺。多危害果树和林木。如舞毒蛾[参见图 1-5-8（f）]。

⑦ 豹蠹蛾科

与木蠹蛾科相近，两科的区别在于本科后翅 Rs 与 M_1 远离；下唇须极短，决不伸向额的上方。幼虫第 9 腹节的 2 根 D_2 毛（背毛 2）长在同一毛瘤上（木蠹蛾科中第 9 腹节的 2 根 D_2 毛，各自长在不同的毛瘤上）。本科生活习性与木蠹蛾科相似。重要种类有咖啡豹蠹蛾、梨豹蠹蛾等[参见图 1-5-8（g）]。

⑧ 袋蛾科

又名蓑蛾科。小至中型，雌、雄异形。雄蛾有翅；触角羽状；喙消失；翅面鳞片薄，近于透明；前翅 3 条 A 脉多少合并；后翅的 $Sc+R_1$ 与 Rs 分离，中室内常有中脉分支。雌虫无翅，形如幼虫，无足，一般不离开幼虫所织的袋。交配时雄虫飞至雌虫袋上，交配授精。卵产于袋内。幼虫的胸足发达，腹足 5 对，腹足趾钩单序缺环。幼虫吐丝缀叶，造袋形巢，隐居其中，取食时头、胸伸出袋外。如林木害虫大袋蛾[参见图 1-5-8（h）]。

⑨ 刺蛾科

中型，体粗短。喙退化。翅鳞片松厚，多呈黄、褐或绿色。中脉主干在中室内存在，并常分叉；前翅无副室；后翅 A 脉 3 条，$Sc+R_1$ 与 Rs 在基部并接。幼虫又称洋辣子，蛞蝓形，头小内缩；胸足小或退化；体上常具瘤和刺，刺人后皮肤痛痒。蛹化于光滑而坚硬的蛹壳内，形似雀卵。本科多危害果树、林木。重要种类有黄刺蛾和扁刺蛾等[参见图 1-5-8（i）]。

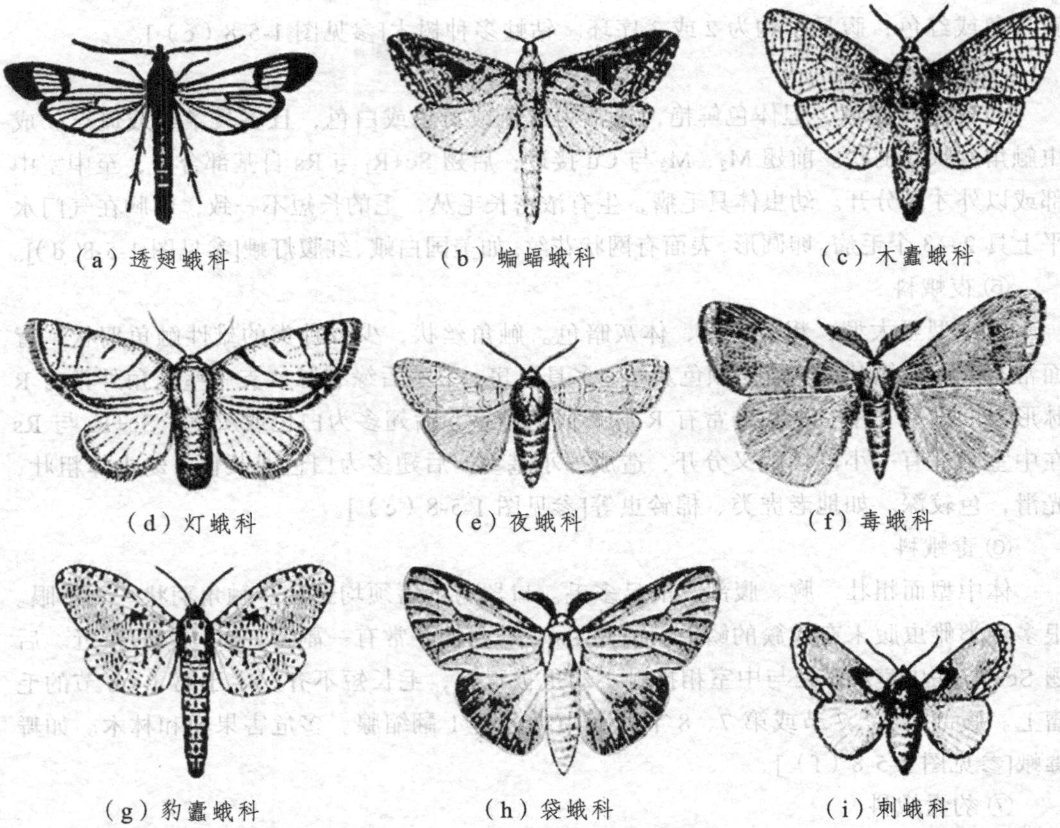

图 1-5-8　蛾类不同科特征（一）

⑩ 斑蛾科

中至大型。成虫颜色鲜艳或呈灰黑色。喙发达。翅中室常有 M 脉的痕迹；后翅的 $Sc+R_1$ 与 Rs 合并至中室外端才分开。白天飞翔。幼虫头小，内缩；体上生有毛瘤，故又叫星毛虫；腹足趾钩为单序中带。本科种类常危害果树和林木，如榆斑蛾等[参见图 1-5-9（a）]。

⑪ 卷蛾科

中小型，多为褐、黄、棕、灰等色。前翅呈长方形，肩区发达，前缘弯曲。停息时，两前翅平叠在背上，成吊钟状。前翅 Cu_2 脉出自中室下缘近中部。后翅 $Sc+R_1$ 与 Rs 分离。幼虫体较光滑，刚毛常无毛片。主要卷叶危害果实。常见的有松梢小卷蛾、苹褐卷蛾等[参见图 1-5-9（b）]。

⑫ 螟蛾科

为鳞翅目中的一个大科，全世界记载约 1 万种，我国已知约 1,000 种。

成虫小型至中型，身体细长，下唇须伸出很长，如同鸟喙。前翅呈长三角形，后翅 $Sc+R_1$ 有一段在中室外与 Rs 愈合或接近；M_1 与 M_2 基部远离，各出自中室上角和下角。幼虫体细长，毛片明显，刚毛常着生在毛片上，前胸气门前瘤有 2 根毛。重要种类如桃蛀螟、玉米螟、刺槐荚螟、松梢螟等[参见图 1-5-9（c）]。

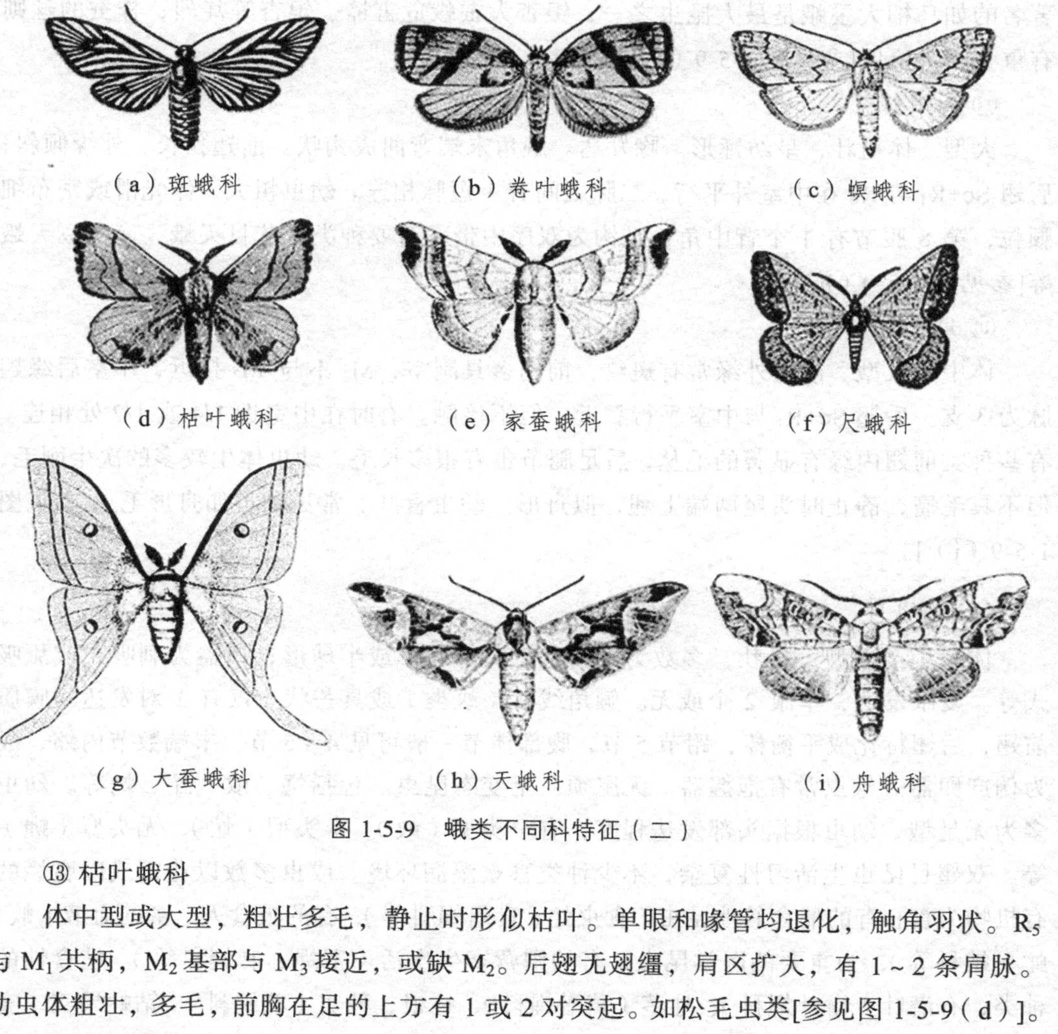

（a）斑蛾科　（b）卷叶蛾科　（c）螟蛾科

（d）枯叶蛾科　（e）家蚕蛾科　（f）尺蛾科

（g）大蚕蛾科　（h）天蛾科　（i）舟蛾科

图 1-5-9　蛾类不同科特征（二）

⑬ 枯叶蛾科

体中型或大型，粗壮多毛，静止时形似枯叶。单眼和喙管均退化，触角羽状。R_5 与 M_1 共柄，M_2 基部与 M_3 接近，或缺 M_2。后翅无翅缰，肩区扩大，有 1～2 条肩脉。幼虫体粗壮，多毛，前胸在足的上方有 1 或 2 对突起。如松毛虫类[参见图 1-5-9（d）]。

⑭ 家蚕蛾科

体中型而粗壮，喙退化，触角羽状，翅阔。前翅 5 条径脉基部合成 1 柄，翅的顶角尖出，外缘呈波状弯曲。幼虫第 8 节有 1 尾角。如家蚕、野蚕[参见图 1-5-9（e）]。

⑮ 尺蛾科

为鳞翅目中的第二大科。小至大型。体小，翅大而薄，休止时 4 翅平铺，前、后翅常有波状花纹相连；有些种类的雌虫无翅或翅退化。前翅的 M_2 位于 M_1 和 M_3 中间，后翅的 $Sc+R_1$ 与 Rs 在中室基部并接，形成 1 小三角形。幼虫仅在第 6 腹节和末节上各具 1 对足，行动时弓背而行，如同以手指量物一般，又叫尺蠖。幼虫裸栖食叶危害，一般是林木、果树上的害虫。重要种类有春尺蛾、枣尺蛾等[参见图 1-5-9（f）]。

⑯ 大蚕蛾科

大型或极大型，色泽鲜艳。许多种类的翅上有透明窗斑或眼斑。口器退化。无翅缰。后翅肩角膨大，Cu_2脉消失。幼虫粗壮，有棘状突起。丝坚韧，常可利用。我国产著名的如乌桕大蚕蛾是最大昆虫之一，银杏大蚕蛾危害樟、银杏等甚烈；柞蚕的丝则有重大经济价值[参见图 1-5-9（g）]。

⑰ 天蛾科

大型。体粗壮，呈纺锤形。喙发达。触角末端弯曲成钩状。前翅狭长，外缘倾斜；后翅 $Sc+R_1$ 与 Rs 在中室外平行，二脉之间有 1 短脉相连。幼虫粗大，体光滑或密布细颗粒，第 8 腹节有 1 个背中角；趾钩为双序中带。重要种类有蓝目天蛾、南方豆天蛾等[参见图 1-5-9（h）]。

⑱ 舟蛾科

体中至大型。前翅外缘常有斑纹。前翅多具副室，M_2 不与 M_3 接近，中室后缘翅脉为 3 支。后翅 $Sc+R_1$ 与中室平行靠近，但不接触。有时在中室近 1/4 或 1/2 处相连。有些种类前翅内缘有显著的毛丛，后足腿节也有很多长毛。幼虫体生较多的次生刚毛，但不具毛瘤，静止时头尾两端上翘，似舟形。幼虫食叶。常见种类如舟形毛虫[参见图 1-5-9（i）]。

6. 双翅目

体微小至大型，粗壮，多数为黑褐色。头部球形或半球形；口器为刺吸式或舐吸式等。复眼发达，单眼 2 个或无。触角线状（蚊类）或具芒状。仅有 1 对发达的膜质前翅，后翅特化成平衡棒，跗节 5 节，腹部体节一般可见 4～5 节，末端数节内缩，成为伪产卵器。雄虫常有抱握器。无尾须。全变态昆虫。包括蝇、蚊、虻、蚋等。幼虫多为无足型，幼虫根据头部发达程度，有全头型（蚊）、半头型（虻）、无头型（蝇）等。双翅目昆虫生活习性复杂，不少种类喜欢湿润环境。成虫多数以花蜜或以腐烂的有机物为食；有的捕食其他昆虫（食虫虻、食蚜蝇科等）；有的吸食人、畜的血液（蚊、虻、蚋科等），为重要的医学昆虫；有的则营寄生生活（寄蝇、麻蝇科等）。植食性的种类，有潜叶（潜叶蝇科）、蛀茎（黄潜蝇科）、蛀根、种实（花蝇科）、钻蛀果实（实蝇科）和做虫瘿（瘿蚊科）等。常给农林业生产带来较大的危害。

观察食蚜蝇、寄蝇、种蝇等成虫形态、触角形状和幼虫特点。

（1）瘿蚊科

成虫体微小，外形似蚊。复眼发达，通常左右愈合成 1 个。触角念珠状，10～36 节，每节有环生放射状细毛。翅脉极少，纵脉仅 3～5 条，无明显的横脉。足细长，基节短，胫节无距，具中垫和爪垫。腹部 8 节，伪产卵器极长或短，能伸缩。幼虫体纺锤形，白、黄、橘红或红色。头很退化。中胸腹板上通常有一突出的剑骨片，为弹跳器官，是鉴别种类的特征之一[参见图 1-5-10（a）]。

（2）食虫虻科或称盗虻科

小至大型，多毛。头宽，有细颈，能活动。头顶在两复眼间下凹，复眼发达，单眼 3 个。触角 3 节，末节具端刺。口器细长而坚硬，适于刺吸。翅大而长，R_5 脉伸到顶角之前，有 4～5 个闭室，基室很长。足细长多刺，爪垫大，爪间突刚毛状。腹部 8 节，细长，雄虫有明显的下生殖板，雌虫有尖的伪产卵器。幼虫圆筒形，分节明显，各胸节有 1 对侧腹毛。如中华食虫虻[参见图 1-5-10（b）]。

（3）实蝇科

小至中型，常为黄、褐、橙色。触角芒无毛。翅多有褐色斑纹；Sc 脉端呈直角状弯向前缘；臀角末端形成一个锐角。幼虫植食性多生活于果实、种子、芽、茎内。如梨实蝇、柑橘实蝇等[参见图 1-5-10（c）]。

（4）食蚜蝇科

体中型，常有黄、黑相间的横纹，形似蜜蜂。头部大，复眼发达，有单眼。翅外缘有与边缘平行的横脉，使 R 脉和 M 脉的缘室成为闭室，在 R 脉与 M 脉之间常有 1 条伪脉，为本科的重要特征。腹部可见 4～5 节。如黑带食蚜蝇[参见图 1-5-10（d）]。

（5）寄蝇科

体小至中型，体粗壮而多毛，多为暗灰色，并带褐色斑纹。头部大，且能活动。雄虫复眼为接眼。触角芒光裸或少数具微毛。胸部具发达的后盾片，露在小盾片外成一圆形突起；下侧片和翅侧片各有 1 列长鬃，为本科的显著特点[参见图 1-5-10（e）]。

（6）花蝇科

小至中型。细长多毛。触角芒光滑、有毛或羽毛状。前翅的 M_{1+2} 不向上弯（与其近似的蝇科 M_{1+2} 则向上弯）。中胸下侧片裸。本科的多数种类为腐食性，有些种类为植食性，能潜叶或钻蛀危害[参见图 1-5-10（f）]。

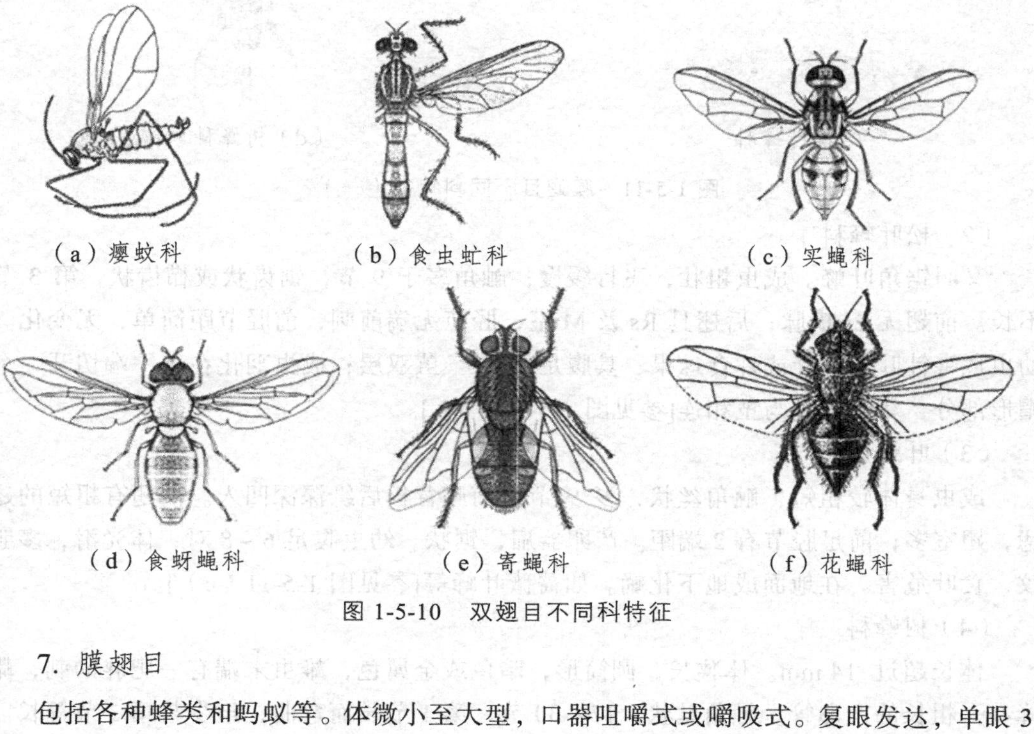

图 1-5-10　双翅目不同科特征

7. 膜翅目

包括各种蜂类和蚂蚁等。体微小至大型，口器咀嚼式或嚼吸式。复眼发达，单眼 3

个或无。触角多于 10 节且较长，有丝状、膝状等。大部分种类的腹部第 1 节常与后胸连接称为并胸腹节。翅 2 对，膜质，前翅大，后翅小，前后翅以翅钩列连接。跗节 5 节。雌虫常有锯齿状或针状产卵器。一般为全变态。

观察叶蜂、茎蜂、树蜂、茧蜂等成虫（注意翅上的微毛及复眼颜色）及幼虫形状（注意腹足数目）。

（1）扁叶蜂科

体较大，产卵管短，前翅 Sc 脉游离，幼虫无腹足或退化，有时群聚生活，且常生活于丝网或卷叶中。如松阿扁叶蜂[参见图 1-5-11（a）]。

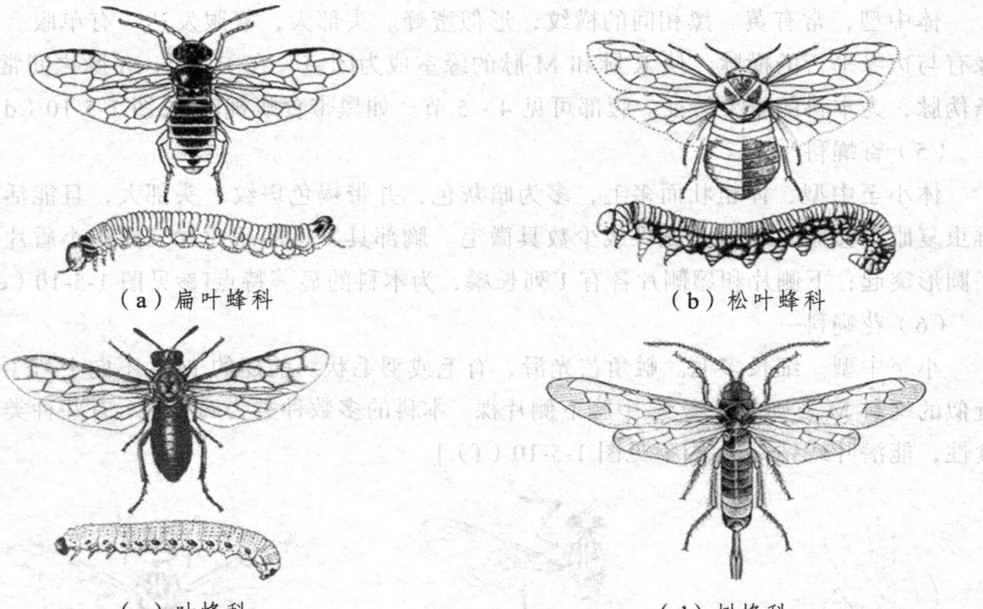

（a）扁叶蜂科　（b）松叶蜂科

（c）叶蜂科　（d）树蜂科

图 1-5-11　膜翅目不同科特征（一）

（2）松叶蜂科

又叫锯角叶蜂。成虫粗壮，飞行缓慢；触角多于 9 节，锯齿状或栉齿状，第 3 节不长。前翅无 2r 横脉；后翅具 Rs 及 M 室；胫节无端前刺，前胫节距简单，无变化。幼虫危害针叶树针叶或蛀食球果；具腹足 8 对。茧双层；成虫羽化在茧一端切开一个帽形部分，藉少数丝与茧相连[参见图 1-5-11（b）]。

（3）叶蜂科

成虫身体较粗短，触角丝状，多 9 节。前胸背板后缘深深凹入。前翅有粗短的翅痣，翅室多；前足胫节有 2 端距。产卵器扁，锯状。幼虫腹足 6～8 对，体光滑，多皱纹，食叶危害。在地面或地下化蛹。如蔷薇叶蜂等[参见图 1-5-11（c）]。

（4）树蜂科

体长超过 14 mm。体狭长，圆筒形，暗色或金属色，雄虫末端有一肥胖的刺，雌蜂有一粗长的产卵管。触角丝状，17～30 节，第 1 节长而弯曲，至少与第 3 节等长。

翅狭长。翅基片很小，前翅尖端翅膜有皱纹。腹部圆筒形，末节有一角状突起（角突）。幼虫白色，胸足仅余痕迹[参见图 1-5-11（d）]。

（5）姬蜂科

体小至大型。多长于 7 mm。触角长丝状，多节。口器发达，单眼 3 个。前胸背板两侧向后延伸。前翅有小室，该小室下方连有 1 条横脉，称为第 2 回脉。具小室和第 2 回脉是姬蜂科的重要特征。并胸腹节常有刻纹。腹部细长，圆筒形或侧扁。产卵器长短不等，卵多产于寄主体内。主要寄主为鳞翅目、膜翅目、鞘翅目和双翅目的幼虫及蛹。幼虫营寄生生活，是一类重要的害虫天敌。蛹多有茧。常见的如广黑瘤点姬蜂[参见图 1-5-12（a）]。

（6）茧蜂科

体小到中型，多 2～7 mm。基本特征与姬蜂科相似，主要区别是茧蜂前翅多无小室或不明显，无第 2 回脉。腹部圆筒形或卵圆形，前胸腹节大，第 2、3 节背板愈合，不能自由活动。少数种类产卵器较长。如天蛾绒茧蜂[参见图 1-5-12（b）]。

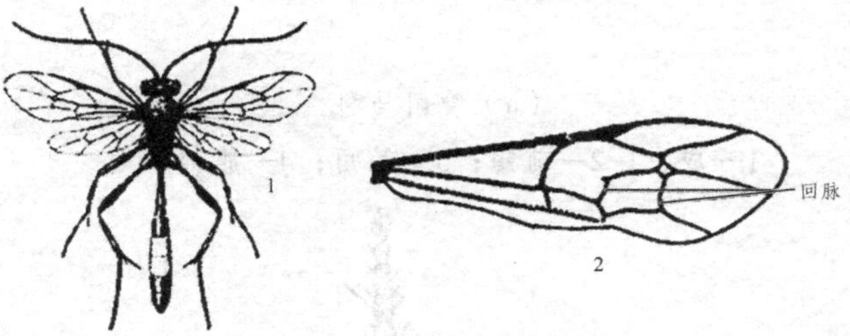

（a）姬蜂科

1—成虫；2—前翅

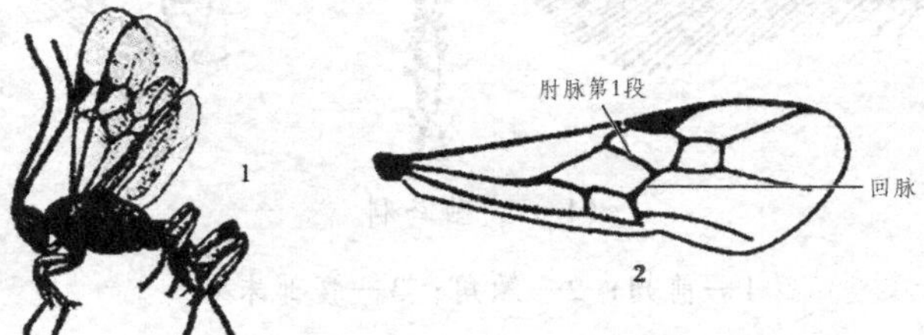

（b）茧蜂科

1—成虫；2—前翅

图 1-5-12　膜翅目不同科特征（二）

8. 缨翅目

通称蓟马。体长一般为 0.5～7 mm，体黄褐、苍白或黑色，有的若虫红色。触角 6～9 节。口器锉吸式。翅 2 对，膜质，狭长形而翅脉少，翅缘密生缨毛。足跗节端部生一可突出的端泡，故又称泡脚目。大多植食性。

观察比较管蓟马科、纹蓟马科、蓟马科昆虫的触角节数、翅的类型、脉纹、是否有毛、腹部末端等特征。

（1）管蓟马科

触角 8 节，少数种类 7 节，有锥状感觉器。腹部末节管状，后端较狭，生有较长的刺毛，无产卵器。翅表面光滑无毛，前翅没有脉纹。常见种类有中华蓟马等[参见图 1-5-13（a）]。

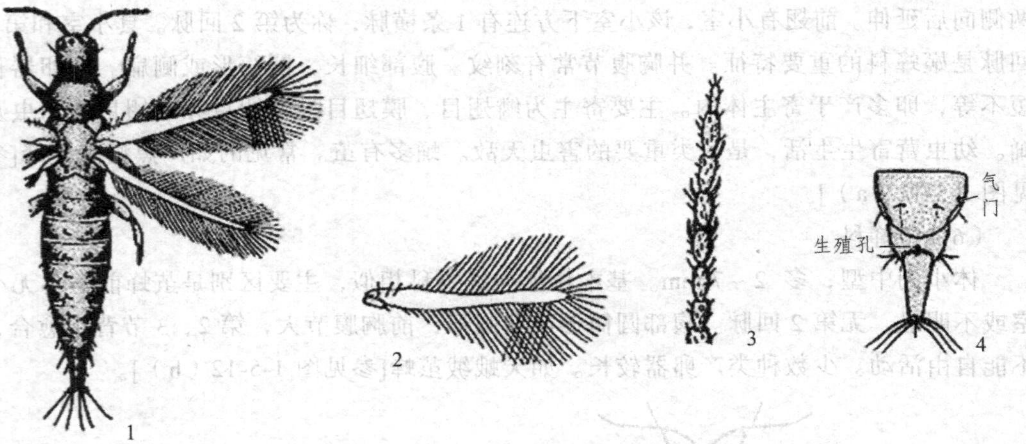

（a）管蓟马科

1—成虫；2—前翅；3—触角；4—腹部末端

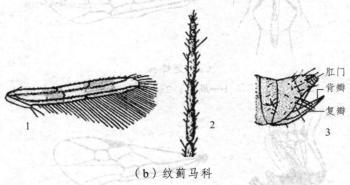

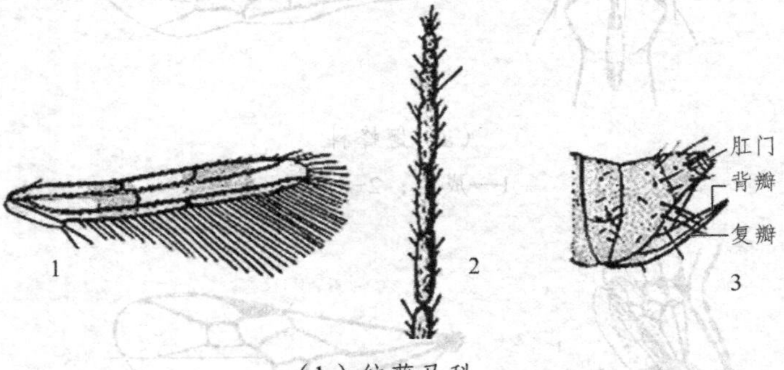

（b）纹蓟马科

1—前翅；2—触角；3—腹部末端

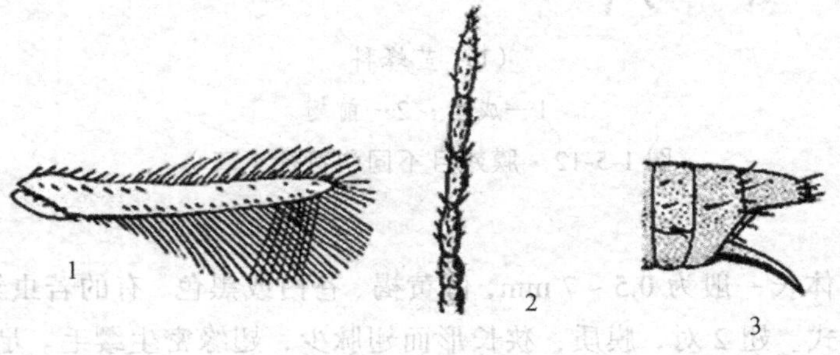

（c）蓟马科

1—前翅；2—触角；3—腹部末端

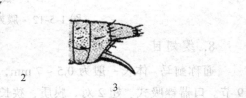

图 1-5-13　缨翅目常见科特征

（2）纹蓟马科

触角 9 节。翅较阔，前翅末端圆形，围有缘脉，翅上常有暗色斑纹。侧面观，锯状产卵器的尖端向上弯曲。如横纹蓟马等[参见图 1-5-13（b）]

（3）蓟马科

触角 6～8 节，末端 1～2 节形成端刺，第 3、4 节上常有感觉器。翅狭而端部尖锐。雌虫腹部末端圆锥形，生有锯齿产卵器，侧面观，其尖端向下弯曲。如烟蓟马等[参见图 1-5-13（c）]。

9. 脉翅目

体小型至大型。翅膜质，前后翅大小、形状相似，翅脉多呈网状，边缘两分叉。成虫口器咀嚼式，幼虫双刺吸式。全变态。本目昆虫成、幼虫都是捕食性的益虫。

观察草蛉成虫前后翅的质地，翅脉的特点及复眼的特征。

草蛉科

多数种类绿色，具金属或铜色复眼。触角长丝状。翅的前缘区有 30 条以下的横脉，不分叉。我国常见的有大草蛉、中华草蛉、丽草蛉等。

10. 螨　类

螨类属于蛛形纲，蜱螨目，俗称红蜘蛛，在自然界分布广泛。刺吸园艺植物汁液，引起叶子变色、脱落；使柔嫩组织变形，形成虫瘿。螨类与昆虫的主要区别是：体分节不明显，不分成头、胸、腹三个体段。无翅。无复眼，但大多数种类有 1～2 对单眼，4 对足（少数 2 对）。螨类均为小型或微小的种类，体呈圆形或卵圆形，有些种类则为蠕虫形。体色有红、褐、绿、黄、黄绿等各种颜色，可随植物种类不同而异。体躯分节不明显，通常分为前半体和后半体两部分，前半体包括颚体和前足体；后半体包括后足体和末体。幼螨足 3 对，成螨足 4 对。叶螨的个体发育包括卵、幼螨、第一若螨、第二若螨、成螨 5 个时期。我国有 200 种左右。如山楂叶螨、二斑叶螨、苹果全爪螨、柑橘全爪螨等[参见图 1-5-14]。

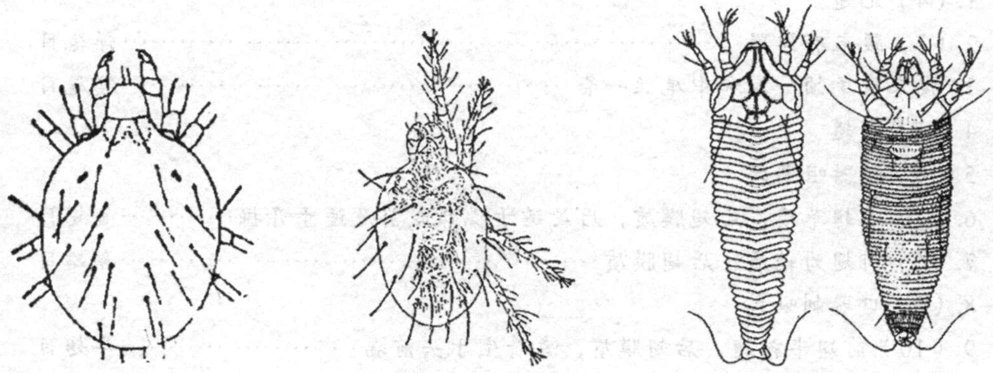

（a）二斑叶螨　　（b）柑橘叶螨　　（c）枣树锈瘿螨

图 1-5-14　螨类特征

观察叶螨和叶瘿螨的体型分区，足的数目及形状，注意观察有无翅。

（二）昆虫分类检索表的编制与运用

检索表是用分析和归纳的方法，从不同种类昆虫的特征中，选用明显而又稳定的外部特征，而且是严格对称的性状，做成简明条文归类排列，以供查询。检索表常见的形式，有双项式和单项式两种。

1. 双项式（队列式）

同一内容的两项相对特征，在一条内并列为二行描述，其中之一必与待查的昆虫标本特征相符，检索时按条文前面的数字进行，末尾的数字表示下一步应查的一条，直至查出名称为止。

1. 无翅 ……………………………………………………………………2
2. 有翅 ……………………………………………………………………3
3. 腹末有弹器………………………………………………………弹尾目
腹末有尾须一对和中尾丝一条……………………………………缨尾目
4. 口器刺吸式………………………………………………………………4
口器咀嚼式 ………………………………………………………………5
5. 前翅半鞘翅，后翅膜质，喙着生于头前端…………………………半翅目
前后翅膜质或前翅稍厚，喙着生于腹面后端 ………………………同翅目
6. 前翅革质，后翅膜质，后足适于跳跃或前足适于开掘 ……………直翅目
前翅鞘质，后翅膜质…………………………………………………鞘翅目

2. 单项式（系列时）

同一内容的两项相对特征，分别在开头数字行及括弧内数字所示行中描述，两行之一必与待查昆虫标本特征相符，检索时，先查开头数字一行特征，如相符，便按数字继续下查，若不符，则查括弧内数字所示一行，直至查出为止。

1.（4）无翅
2.（3）腹末有弹器……………………………………………………弹尾目
3. 腹末有尾须一对和中尾丝一条 ………………………………………缨尾目
4.（1）有翅
5.（8）口器咀嚼式
6.（7）前翅革质，后翅膜质，后足适于跳跃或前足适于开掘………直翅目
7.（6）前翅为鞘质，后翅膜质…………………………………………鞘翅目
8.（5）口器刺吸式
9.（10）前翅半鞘翅，后翅膜质，喙着生于头前端……………………半翅目
10.（9）前后翅膜质或前翅稍厚，喙着生于腹面后端 …………………同翅目

五、作　业

（1）将所观察各目代表科昆虫的主要形态特征填入表 1-5-1。

表 1-5-1　昆虫目及主要科成虫形态特征观察记录表

科	目	种	口器特征	翅特征	足特征	幼虫特征	食性

（2）学习使用昆虫分类检索表，并鉴定实验室提供的没有鉴定的昆虫 5 份。

六、思考题

（1）怎样区分鳞翅目蛾类幼虫与膜翅目叶蜂幼虫?

（2）昆虫的变态类型对指导害虫防治有何意义?

项目 3　农药基础

实验 6　常用农药的性状观察和简易鉴别

一、目的要求

明确常用农药理化性状特点和质量的简易检测方法，学习阅读农药标签和使用说明书，了解其性能及注意事项。

二、材　料

当地常用的乳油、可湿性粉剂、水剂、烟剂、颗粒剂、悬浮剂、磷化铝片剂、粉剂等杀虫（螨）剂、杀菌剂、杀线虫、除草、杀鼠等农药 20 余种。

三、仪器和用具

天平、药匙、试管、量筒、烧杯、玻璃棒、口罩、手套等。

四、内容与方法

（一）农药的性状观察

1. 农药的归类

按照防治对象、对提供的材料进行正确归类为虫（螨）剂、杀菌剂、杀线虫、除草、杀鼠剂等。

2. 农药标签和说明书

（1）农药名称　包含内容有：农药有效成分及含量、名称、剂型等。农药名称通常有两种，一种是中（英）文通用名称，中文通用名称按照国家标准《农药中文通用名称》（GB 4839—2009）规定的名称，英文通用名称引用国际标准组织（ISO）推荐的名称；另一种为商品名，经国家批准可以使用。不同生产厂家有效成分相同的农药，即通用名称相同的农药，其商品名可以不同。

（2）农药三证　农药三证指的是农药登记证号、生产许可证号和产品标准证号，国家批准生产的农药必须三证齐全，缺一不可。

（3）净重或净容量

（4）使用说明　按照国家批准的作物和防治对象简述使用时期、用药量或稀释倍数、使用方法、限用浓度及用药量等。

（5）注意事项　包括中毒症状和急救治疗措施；安全间隔期，即最后一次施药距收获时的天数；储藏运输的特殊要求；对天敌和环境的影响等。

（6）质量保证期　不同厂家的农药质量保证期标明方法有所差异。一是注明生产日期和质量保证期；二是注明产品批号和有效日期；三是注明产品批号和失效日期。一般农药的质量保证期是 2 ~ 3 年，应在质量保证期内使用，才能保证作物的安全和防治效果。

（7）农药毒性与标志　农药的毒性不同，其标志也有所差别。毒性标志的文字描述用红色，使用时注意鉴别（表 1-6-1）。

表 1-6-1　农药毒性及标志

农药毒性	农药毒性标志	农药毒性	农药毒性标志	农药毒性	农药毒性标志
剧毒	 剧毒	中等毒	 中等毒（原药高毒）	微毒	微毒
高毒	 高毒	低毒			

（8）农药种类标识色带　农药标签下部有一条与底边平行的色带，用以表明农药的类别。其中红色表示杀虫剂（包括昆虫生长调节剂、杀螨剂、杀软体动物剂）；黑色表示杀菌剂（杀线虫剂）；绿色表示除草剂；蓝色表示杀鼠剂；深黄色表示植物生长调节剂。

3. 常见农药剂型的观察

辨别粉剂、可湿性粉剂、乳油、颗粒剂、水剂、烟雾剂、悬浮剂等剂型在颜色、形态等物理外观上的差异。

（二）几种剂型的简易鉴别

1. 粉剂、可湿性粉剂质量的简易鉴别

取少量药粉撒在水面上，在 1 min 内粉粒吸湿下沉，搅动时可产生大量泡沫的为可湿性粉剂，一直浮在水面的为粉剂。另取少量可湿性粉剂倒入盛有 100 mL 水的量筒内，轻轻搅动静置片刻，观察药液的悬浮情况，沉淀越少，药粉质量越高。如有 3/4 的粉剂颗粒沉淀，表示可湿性粉剂的质量较差。再加入 0.2 g 洗衣粉，充分搅拌，观察药液的悬浮性是否有变化。

2. 乳油质量简易测定

将 2～3 滴乳油滴入盛有清水的试管中，轻轻振荡，观察油水融合是否良好，有无油层漂浮或沉淀。若油水融合良好，呈半透明或乳白色稳定的乳状液，表明乳油的乳化性能好；若出现少许油层，表明乳化性尚好；出现大量油层、乳油被破坏，则不能使用。

五、作　业

（1）列表记述提供的主要农药的物化特性及使用特点。

表 1-6-2　主要农药的物化特性及使用特点

药剂名称	中（英）文通用名	剂型	有效成分含量	颜色	气味	毒性	主要防治对象

（2）测定 1～2 种可湿性粉剂及乳油的悬浮性和乳化性，并记述其结果。

项目 4　蔬菜病虫害

实验 7 十字花科蔬菜病虫害观察

一、目的要求

（1）熟悉并识别十字花科蔬菜常见病害种类、症状特点及病原菌形态。

（2）认识十字花科蔬菜常见害虫种类，区别十字花科蔬菜常见害虫形态特征及危害特点。

二、材 料

（1）病害材料：软腐病、黑腐病、病毒病、霜霉病、细菌性角斑病、黑斑病、菌核病、白锈病、炭疽病、根肿病等病害的新鲜标本或腊叶标本、病原菌玻片标本等。

（2）害虫材料：菜粉蝶、菜蚜、小菜蛾、夜蛾、灯蛾、菜蝽、菜螟、菜叶蜂、猿叶虫、黄条跳甲等害虫的针插标本、浸渍标本、危害状标本等。

三、仪器和用具

光学显微镜、体视显微镜、放大镜、挑针、镊子、培养皿、载玻片、盖玻片、废液缸、洗瓶、酒精灯、酒精、吸水纸、镜头纸、纱布、蒸馏水、二甲苯、结晶紫或碱性复红等。

四、内容与方法

（一）十字花科蔬菜病害症状和病原菌形态观察

1. 软腐病

观察白菜受害部位是否腐烂，是否有臭味，腐烂的病叶失水后是否呈薄纸状；萝卜是否呈水渍状褐色软腐，病健部界限是否明显，是否有汁液渗出，留种株有无外观完好而心髓完全腐烂的现象。取少许菌脓涂片，用结晶紫或碱性复红染色后，在油镜下观察菌体的形态特征。

2. 霜霉病

观察白菜受害叶片正面病斑颜色，注意病斑是否受叶脉限制而呈多角形或不规则形，叶背是否有白色霜状霉层，是否变黄干枯。甘蓝和花椰菜的叶片正面是否有稍凹陷的不规则形紫黑色病斑，叶背是否有白色霉层。用挑针挑取少量白色霉状物制片，在显微镜下观察孢囊梗及孢子囊的形态特征。

3. 病毒病

观察白菜病株是否有变色、矮化、皱缩、坏死斑、明脉等症状。

4. 菌核病

观察油菜病株，注意是否是近地表的茎、叶柄及叶缘先发病，病斑是否为淡褐色水浸状，有无臭味，病斑上是否有白色絮状霉层和黑色菌核，茎部病斑是否凹陷，是否为黄褐色，后期病组织是否全部腐烂呈纤维状，茎秆是否中空，茎秆内是否有黑色鼠粪状菌核，种荚内是否有近圆形的小菌核。

5. 其他病害

观察发病部位、症状特点。取菌制片，在显微镜下观察病原菌的形态。

（二）十字花科蔬菜害虫形态和危害状观察

1. 蚜　虫

（1）危害状　观察菜蚜成蚜或若蚜群集叶背刺吸寄主汁液的现象，注意观察被害植株叶片是否卷曲畸形。

（2）害虫　观察菜蚜类有翅成蚜、若蚜及无翅成蚜、若蚜的体形大小、形态、体色、腹管、尾片、额瘤的特征，注意桃蚜、萝卜蚜、甘蓝蚜的区别（参见图 1-5-4）。

2. 菜粉蝶

（1）危害状　观察菜粉蝶初孵幼虫在叶背啃食叶肉情况，注意是否只留一层透明的上表皮；大龄幼虫是否将叶片咬成缺刻、吃成网状，或将叶片全部吃光，仅剩粗大叶脉和叶柄；幼虫是否蛀入叶球中危害；是否排出大量粪便污染菜心；是否有腐烂现象。

（2）害虫　观察菜粉蝶成虫的大小、翅的形状及颜色、雌雄虫色斑的区别；卵的形状、颜色；幼虫的体形、体色、体线、腹足趾钩的特征；蛹的类型、形状、颜色等（参见图 1-5-6）。

3. 小菜蛾

（1）危害状　观察小菜蛾初孵幼虫潜食叶肉情况，注意是否形成细小的隧道；2 龄幼虫取食叶肉时是否残留一层表皮，形成许多透明斑；3 龄幼虫是否将叶片咬成缺刻和孔洞或将叶片吃成网状。

（2）害虫　观察小菜蛾成虫的大小和翅的颜色、斑纹，卵的形状、颜色、大小，幼虫的体形、体色、前胸背板上的“U”字形斑纹、腹足趾钩的特征。

注意比较小菜蛾与菜粉蝶幼虫的区别。

4. 甘蓝夜蛾

（1）危害状　观察甘蓝夜蛾初孵幼虫情况，注意是否群集叶背卵块附近取食叶肉；是否残留透明的表皮；较大幼虫是否将叶片吃成孔洞或将叶片全部吃光仅留叶脉。

（2）害虫　观察甘蓝夜蛾成虫的大小、翅的颜色、前翅上的线及斑纹，卵的形状、颜色、大小及排列情况；幼虫的体形、体色、体线、体背斑纹、腹足趾钩的特征，注意甘蓝夜蛾、银纹夜蛾、斜纹夜蛾和甜菜夜蛾的成、幼虫的区别。

5. 黄曲条跳甲

（1）危害状　观察黄曲条跳甲成虫取食叶肉情况，注意是否仅留一层表皮或将叶片咬成小孔；幼虫是否将根的表面蛀成许多弯曲的虫道；是否可蛀入根内取食危害。

（2）害虫　观察黄条跳甲成虫体型大小、体色、鞘翅上刻点及排列情况、前翅上黄斑的形状、后足腿节是否膨大等；幼虫体型大小、形态、颜色等特征（参见图 1-7-1）。

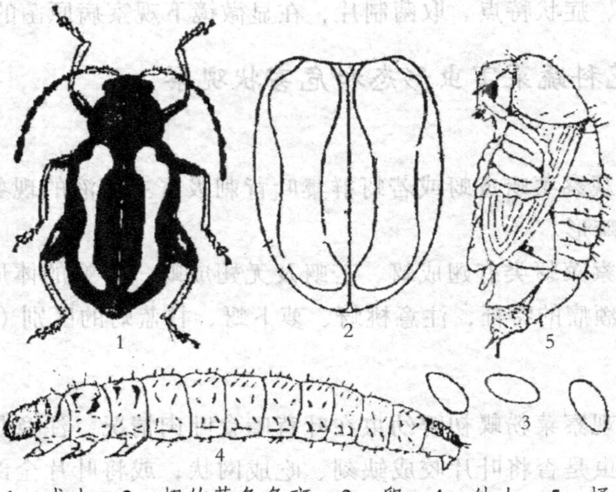

1—成虫；2—翅的黄色条斑；3—卵；4—幼虫；5—蛹

图 1-7-1　黄曲条跳甲

五、作　业

（1）列表对比五种常见的十字花科蔬菜病害症状（可从病斑发生位置、颜色、大小、是否有轮纹、有无晕圈、界限是否清楚、是否腐烂、是否有病症等方面描述）和病原菌形态（可以图示）。

（2）选择 2 ~ 4 种十字花科蔬菜常见害虫，绘成虫图。

（3）比较菜粉蝶和小菜蝶幼虫的区别。

六、思考题

十字花科蔬菜常见害虫危害特点与防治有何关系？

实验 8　茄科蔬菜病虫害观察

一、目的要求

（1）认识茄科蔬菜常见病害种类，区别茄科蔬菜常见病害症状特点及病原菌形态。

（2）了解茄科蔬菜常见害虫种类，识别其形态特征及危害特点。

二、材　料

病害材料：茄科蔬菜晚疫病、早疫病、叶霉病、病毒病、灰霉病、绵疫病、病毒病、疫病、炭疽病、疮痂病、软腐病、茄子褐纹病、黄萎病等病害的新鲜标本或腊叶标本、病原菌玻片标本等。

害虫材料：棉铃虫、烟青虫、茶黄螨、马铃薯瓢虫、茄二十八星瓢虫、茄黄斑螟、朱砂叶螨等害虫的针插标本、浸渍标本、危害状标本等。

三、仪器和用具

光学显微镜、体视显微镜、放大镜、挑针、镊子、培养皿、载玻片、盖玻片、废液缸、洗瓶、酒精灯、酒精、吸水纸、镜头纸、纱布、蒸馏水、二甲苯、结晶紫或碱性复红等。

四、内容与方法

（一）*茄科蔬菜病害症状和病原菌形态观察*

1. 番茄病害

（1）番茄病毒病　观察叶片是否有花叶、蕨叶、坏死斑等症状。

（2）番茄早疫病和晚疫病　观察病斑的形状、大小和发生部位、有无轮纹等，两种病害霉层的位置及颜色是否相同，挑取少量霉状物制片，在显微镜下观察病原菌的形态区别。

（3）番茄叶霉病和灰霉病　观察两种病害病斑的形态、大小、颜色和霉层的颜色、发生部位。挑取霉状物制片，在显微镜下观察其繁殖体的特征（参见图 1-8-1）。

（4）其他番茄病害　观察提供的标本发病部位及症状特征，或制临时装片，在显微镜下观察病原菌的形态特征。

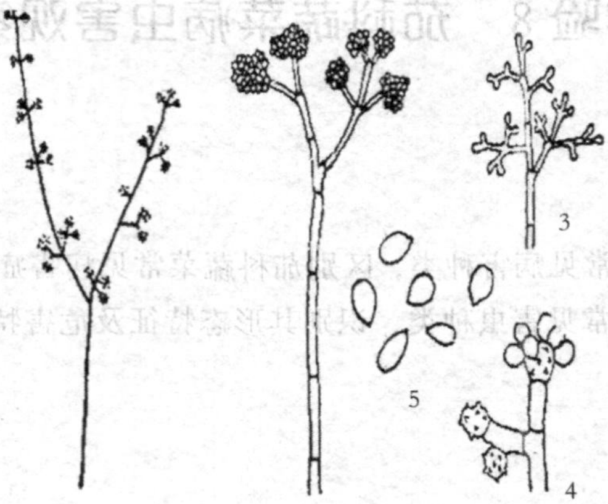

1—分生孢子梗；2—分生孢子梗上着生葡萄穗状的分生孢子；3—分生孢子梗上的小梗；4—分生孢子着生状；5—分生孢子

图 1-8-1　葡萄孢属

2. 茄子病害

（1）茄子褐纹病　观察病果的发病部位、病斑大小、颜色、是否腐烂等，病叶、病茎上病斑的大小、颜色、形状，果实和茎部病斑凹陷情况及病斑小黑点着生情况。取一小块带有小黑点的病组织，徒手制临时切片，在显微镜下观察病原菌的分生孢子器形状、分生孢子形状及大小。

（2）茄子黄萎病　观察叶片上变黄部分的分布特点，用解剖刀剖检病茎、病根、病分枝、病叶叶柄等部位，观察维管束是否变成褐色。

3. 辣椒病害

（1）辣椒病毒病　观察病株是否矮化、丛生，是否有花叶、蕨叶、坏死斑等症状，叶片及茎上有无坏死斑，果面是否有病变表现。

（2）辣椒炭疽病　观察病叶和病果上病斑的大小、形状和颜色，用放大镜观察病斑上小黑点的排列情况。

取一小块带有小黑点的病组织，徒手制临时切片，在显微镜下观察分生孢子盘的形状、分生孢子的大小、形状等特征（参见图 1-8-2）。

（3）其他辣椒病害　观察提供的其他辣椒常发生的病害标本，注意其发病部位、症状特点。取菌制片，在显微镜下观察病原菌的形态特征。

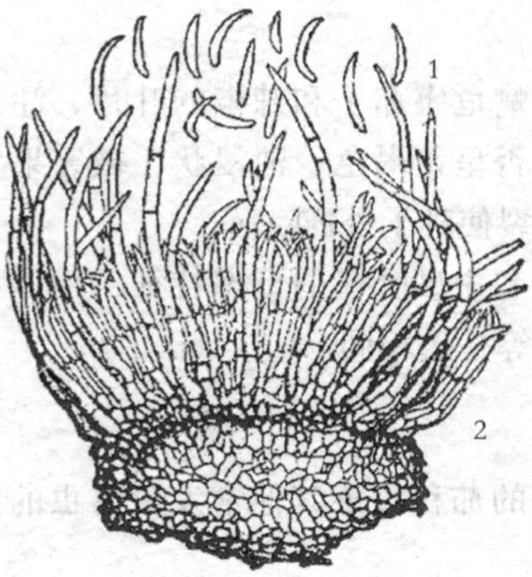

1—分生孢子；2—分生孢子盘及刚毛

图 1-8-2　辣椒刺盘孢

（二）茄科蔬菜害虫形态和危害状观察

1. 棉铃虫和烟青虫

（1）危害状　观察棉铃虫危害的番茄果实和烟青虫危害的辣椒果实，注意比较虫孔的特征，剖检虫果，观察虫果内有无虫体和虫粪等。

（2）害虫　观察棉铃虫和烟青虫的生活史标本，区别各虫态的形态特征。比较卵的大小、形状、表面纵棱的排列方式；比较幼虫的体色、体形大小、体线的颜色；比较成虫的体形大小、体色、前翅上的线和斑纹的特征、清晰度等。

2. 茄二十八星瓢虫和马铃薯瓢虫

（1）危害状　观察茄二十八星瓢虫和马铃薯瓢虫危害茄子、马铃薯等叶片，注意比较被害叶片上形成的平行的透明细凹纹；观察被害虫啃食的茄子和瓜类的果实受害部位的变化。

（2）害虫　观察茄二十八星瓢虫和马铃薯瓢虫各虫态的形态特征，注意比较卵的形态、卵块排列的紧密程度是否相同；比较幼虫体背的枝刺及蛹的形态；比较成虫的大小、体形、体色，特别是鞘翅上斑点的大小、形状、排列特点及前胸背板上斑点的异同（参见图 1-8-3）。

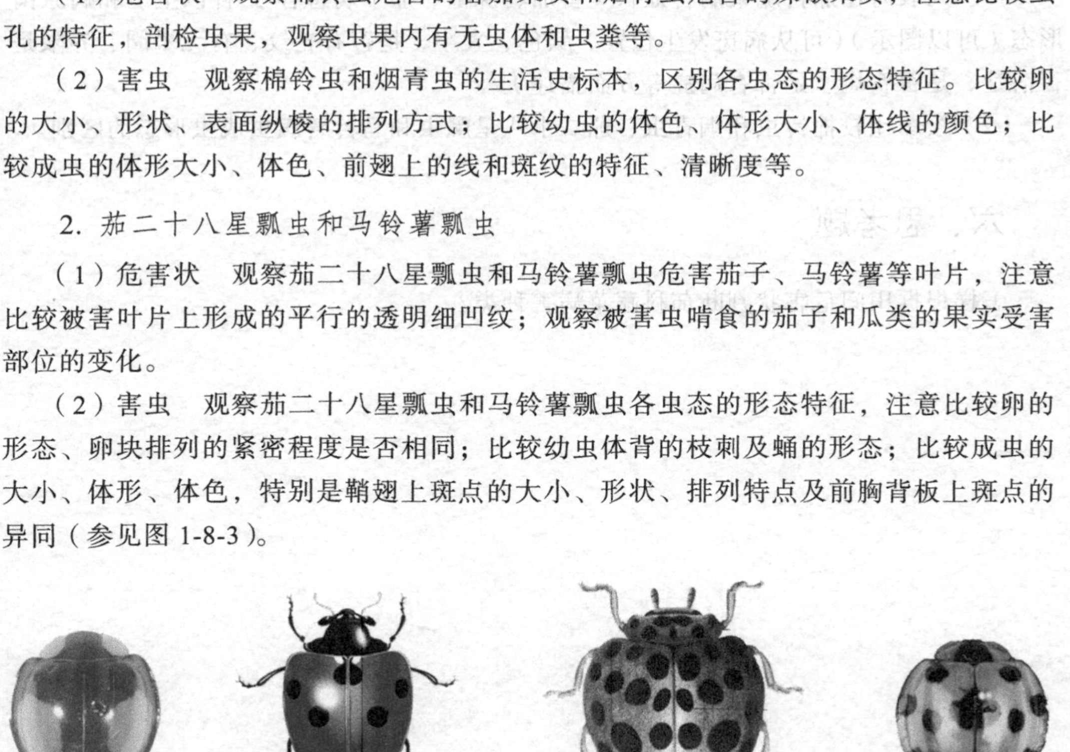

（a）赤星瓢虫　（b）七星瓢虫　（c）二十八星瓢虫　（d）十三星瓢虫

图 1-8-3　常见瓢虫类型

3. 茶黄螨和朱砂叶螨

（1）危害状　观察茶黄螨危害茄子和辣椒的叶片，注意被害叶片是否增厚僵直，叶缘是否向下卷曲，叶背是否呈茶褐色、油浸状，被害果实的果面、果柄及嫩茎表面是否呈茶褐色，果皮是否龟裂使种子外露。

（2）害虫　观察茶黄螨和朱砂叶螨的形态特征，用体视显微镜比较观察成螨、幼螨的体形、体色、足的对数等是否相同。

4. 其他害虫

（1）危害状　观察提供的茄科蔬菜其他常发生害虫的危害特点，注意不同害虫危害状的区别。

（2）害虫　观察提供的茄科蔬菜其他害虫各虫态的形态特征，注意不同害虫的形态区别。

五、作　业

（1）列表对比茄科蔬菜病害症状（番茄、辣椒、茄子病害各 2 种以上）和病原菌形态（可以图示）（可从病斑发生位置、颜色、大小、是否有轮纹、有无晕圈、界限是否清楚、是否腐烂、是否有病症等方面描述）。

（2）绘图比较棉铃虫和烟青虫、茄二十八星瓢虫和马铃薯瓢虫成虫形态的区别。

六、思考题

怎样根据田间危害状判断茄科蔬菜病害种类？

实验9 葫芦科蔬菜病虫害观察

一、目的要求

（1）认识葫芦科蔬菜常见病害种类，识别其症状特点及病原菌的形态。

（2）区别葫芦科蔬菜常见害虫种类、形态特征及危害特点。

二、材 料

病害材料：黄瓜霜霉病、细菌性角斑病、菌核病、瓜类疫病、枯萎病、白粉病、炭疽病、病毒病等病害的新鲜标本或腊叶标本、病原菌玻片标本等。

害虫材料：瓜蚜、美洲斑潜蝇、温室白粉虱、黄守瓜、蓟马等害虫的针插标本、浸渍标本、危害状标本等。

三、仪器和用具

光学显微镜、体视显微镜、放大镜、挑针、镊子、培养皿、载玻片、盖玻片、废液缸、洗瓶、酒精灯、酒精、吸水纸、镜头纸、纱布、蒸馏水、二甲苯、结晶紫或碱性复红等。

四、内容与方法

（一）葫芦科蔬菜病害症状和病原菌形态观察

1. 黄瓜霜霉病

观察病叶正面病斑的形状、颜色，注意叶背初期是否有水浸状病斑；后期病斑是否受叶脉限制、是否有灰黑色霉层；病斑是否连接成片、干枯卷缩。用挑针挑取少量灰黑色霉状物制片，在显微镜下观察孢囊梗及孢子囊的形态特征。

2. 瓜类白粉病

观察叶片正面白色粉斑及粉斑形状、连片后的特征、粉斑中黑褐色的小粒点。用挑针挑取叶片上的白色粉状物及黑褐色粒点制片，在显微镜下观察分生孢子梗、分生孢子及闭囊壳的形状、颜色、闭囊壳上附属丝的颜色、形态，用力挤压闭囊壳，使其破裂，观察闭囊壳内子囊的形状及数目。

3. 瓜类枯萎病

观察茎基部表皮是否纵裂，根是否变褐色；剖检病茎维管束是否变成褐色；茎基部表面是否有白色或粉红色霉层。用挑针挑取茎基部的霉状物制片，在显微镜下观察大型分生孢子和小型分生孢子的形状、颜色及是否有分隔等特点。

4. 瓜类炭疽病

观察幼苗、叶片、茎蔓、果实上病斑的大小、形状、颜色等特点，注意叶片上病斑周围有无黄色晕圈；叶片正面是否有粉红色或黑色小颗粒；黄瓜果实上是否有黑褐色凹陷的病斑；病斑是否有黑色小颗粒。取菌制片，在显微镜下观察病原菌的形态。

5. 瓜类疫病

观察病叶片上水浸状病斑；注意茎基部是否缢缩、扭折；维管束是否变褐；病果是否皱缩软腐；病部表面是否产生稀疏的白色霉层。用挑针挑取病部的白色霉状物制片，在显微镜下观察病原菌的形态特征。

6. 黄瓜细菌性角斑病

观察初期叶背是否有水浸状小点；后期病斑是否为多角形；病斑周围是否有油浸状晕圈；叶背是否有污白色菌脓或粉末状物或白膜。观察症状表现与黄瓜霜霉病有何异同。取菌涂片，用结晶紫或碱性复红染色后，在油镜下观察病原菌的形态特征。

7. 瓜类其他病害

注意观察叶片、果实上的症状特点。可取菌制片，在显微镜下观察病原菌的形态。

（二）葫芦科蔬菜害虫形态和危害状观察

1. 瓜　蚜

（1）危害状　观察危害的植株，注意被害株生长是否有停滞现象；叶片是否皱缩、卷曲畸形。

（2）害虫　观察瓜蚜有翅胎生雌蚜、无翅胎生雌蚜及若蚜的体形，体色，翅的有无及特征，腹管的形状、颜色、长短，尾片的形状、颜色、有无刚毛着生等。

2. 温室白粉虱

（1）危害状　观察危害的叶片褪绿变黄，萎蔫情况。

（2）害虫　观察温室白粉虱成虫的大小、体形、体色、体表及翅面覆盖白色蜡粉情况，卵的形状、颜色、卵柄的着生情况；观察若虫的体形、体色、足、触角、尾须。注意若虫和伪蛹体背是否有长短不一的蜡质丝状突起。

3. 美洲斑潜蝇

（1）危害状　观察美洲斑潜蝇幼虫潜食叶肉在叶片正面形成的不规则蛇形潜道，

注意潜道末端是否较宽。潜道中是否有虚线状交替平行排列的黑色粪便。潜道端部是否有蛹。叶片上是否有成虫产卵和取食时留下的灰白色小点。

（2）害虫　观察美洲斑潜蝇成虫体形大小、体色和体背的颜色；头及复眼的颜色，触角的颜色、长短、节数；足的颜色；卵的形状、颜色、大小；幼虫的体色、大小；蛹的形状、大小、颜色等特征（参见图 1-9-1）。

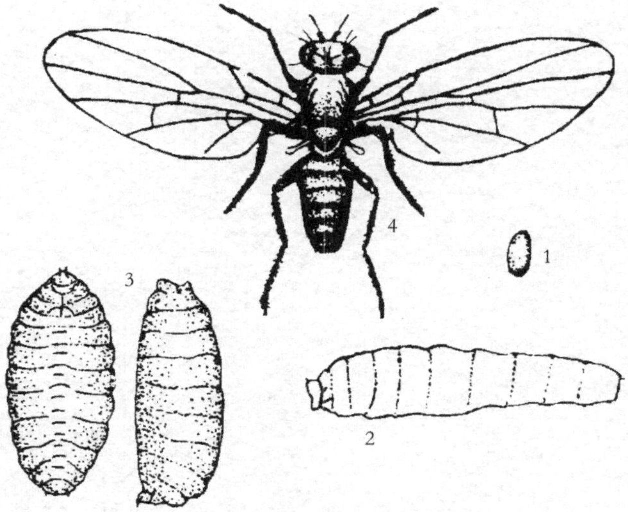

1—卵；2—幼虫；3—蛹；4—成虫

图 1-9-1　美洲斑潜蝇

4. 黄守瓜

（1）危害状　观察黄守瓜成虫取食叶片形成环形或半环形缺刻或将叶片吃成网状仅留叶脉的情况，幼虫危害根部或蛀入主根、幼茎及幼瓜危害的特点。

（2）害虫　观察黄守瓜成虫的大小、体形、体色、足的颜色，注意虫体是否有光泽，前胸背板长和宽的比例及中央是否有一弯曲横沟，鞘翅上是否有细刻点，腹部末端是否露出鞘翅外；观察卵的大小、形状和颜色，注意卵表面是否有六角形蜂窝状网纹；观察幼虫的大小、体形和体色，注意各体节是否有小黑瘤。

五、作　业

（1）列表对比葫芦科蔬菜病害症状和病原菌形态（可以图示）（可从病斑发生位置、颜色、大小、是否有轮纹、有无晕圈、界限是否清楚、是否腐烂、是否有病症等方面描述）。

（2）黄瓜霜霉病和黄瓜细菌性角斑病的症状和防治措施有何异同？

（3）绘美洲斑潜蝇、黄守瓜在叶片上的危害状和美洲斑潜蝇前翅图。

六、思考题

哪些葫芦科蔬菜害虫世代重叠现象较严重？防治这些害虫时应注意哪些问题？

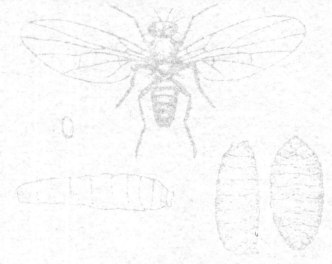

项目 5　果树病虫害

实验 10　苹果树、梨树病虫害观察

一、目的要求

（1）认识苹果树、梨树常发生的病害种类，区别苹果树、梨树主要病害的症状特点及病原菌的形态。

（2）认识苹果树、梨树常发生害虫的种类，识别苹果树、梨树上主要害虫的形态特征及危害特点。

二、材　料

（1）苹果树病害标本　腐烂病、干腐病、轮纹病等枝干病害；斑点落叶病、褐斑病、锈病、白粉病等叶片病害；轮纹烂果病、霉心病、褐腐病、黑星病等果实病害，以及根部病害和病毒病害。

（2）梨树病害标本　黑星病、锈病、黑斑病、白粉病等叶部病害；轮纹病、黑星病、炭疽病等果实病害；轮纹病、干枯病、腐烂病等枝干病害。

以上病害的新鲜标本或腊叶标本、病原菌玻片标本等。

（3）苹果树害虫　桃小食心虫、梨小食心虫、白小食心虫、苹小食心虫等食心虫类；苹小卷叶蛾、苹大卷叶蛾、顶梢卷叶蛾、黄斑卷叶蛾等卷叶虫类；苹果瘤蚜、苹果棉蚜、山楂叶螨、苹果叶螨、大青叶蝉等刺吸危害类；舟形毛虫、天幕毛虫、舞毒蛾、美国白蛾等食叶类；苹果小吉丁、苹果透翅蛾、桑天牛等枝干类害虫。

（4）梨树害虫　梨大食心虫、梨蝽象、梨象甲、梨实蜂等果实类害虫；梨木虱、梨二叉蚜、绣线菊蚜、黄粉蚜、梨网蝽象、梨园蚧等刺吸危害类害虫；梨斑蛾等食叶类害虫；梨金缘吉丁虫、梨眼天牛、梨茎蜂等枝干类害虫。

以上害虫的瓶装浸渍标本、针插标本、生活史标本、危害状标本等。

三、仪器和用具

光学显微镜、体视显微镜、放大镜、挑针、镊子、培养皿、载玻片、盖玻片、废液缸、洗瓶、酒精灯、酒精、吸水纸、镜头纸、纱布、蒸馏水、二甲苯、结晶紫或碱性复红等。

四、内容与方法

（一）苹果病害症状和病原菌形态观察

（1）观察苹果树枝干病害腐烂病、干腐病、轮纹病等病斑的部位、形状、质地、表面特征和气味。

（2）观察苹果叶片病害斑点落叶病、褐斑病、锈病、白粉病等病斑的形状、颜色和病原特征。

（3）观察苹果果实部位轮纹病、苹果炭疽病、苹果霉心病、苹果褐腐病、苹果黑星病危害、病斑形状、质地和表面特征等。

（4）观察苹果锈果病、苹果花叶病、苹果衰退病的果、叶、枝干特征。

（二）苹果害虫形态和危害状观察

（1）观察桃小食心虫、梨小食心虫、白小食心虫及苹小食心虫成虫大小、翅的颜色及斑纹形状、幼虫体色、体形、趾钩的特征。区别危害果实特点。

（2）观察苹小卷叶蛾、褐卷叶蛾、苹大卷叶蛾、顶梢卷叶蛾、黄斑卷叶蛾及黑星麦蛾等成虫翅的颜色及斑纹形状、幼虫体色、斑纹、臀栉的方面区别。观察不同卷叶蛾被害状特点。

（3）观察苹果瘤蚜、绣线菊蚜、苹果棉蚜、山楂叶螨、苹果叶螨、大青叶蝉等刺吸口器害虫，注意蚜虫的危害部位、卷叶特点、体形、颜色、有无被蜡等特征。观察螨类体形、体色、体背的毛等特征。

（4）观察舟形毛虫、天幕毛虫、舞毒蛾、美国白蛾等食叶害虫成虫特征。注意舟形毛虫的腹足数、天幕毛虫的卵环及幼虫结网习性、舞毒蛾幼虫的“翻缩腺”和毛瘤、美国白蛾的卵及幼虫（黑头、灰毛、结网）特征等。

（5）观察苹果小吉丁、苹果透翅蛾、桑天牛等枝干害虫成虫和幼虫的主要特征，危害部位及特点。

（三）梨树病害症状和病原菌形态观察

（1）观察梨黑星病、梨黑斑病、梨锈病（性子器、锈子器）、梨白粉病病斑的形状、大小，病原菌生长状态、颜色，分生孢子、锈孢子、闭囊壳及子囊孢子的特点。

（2）观察梨轮纹病、梨黑星病、梨炭疽病、梨褐腐病等叶部病害发病部位是内部，还是外部，病斑有无轮纹，表面是霉层、霉丛还是小黑点。观察分生孢子、分生孢子盘、分生孢子器的特点。

（3）观察梨轮纹病、梨干枯病、梨干腐病、梨腐烂病等枝干病害。注意病斑的形状、质地、小黑点着生情况、有无孢子角及气味等特征。镜检分生孢子、分生孢子器形态特点。

（四）梨树害虫形态和危害状观察

（1）观察梨大食心虫、梨小食心虫、梨蝽象、梨象甲、梨实蜂成、幼虫的形态特征，区别梨果的被害状。

（2）观察梨木虱、梨二叉蚜、绣线菊蚜、黄粉蚜、梨网蝽象、梨园蚧的形态大小、体形和触角特点；区别梨二叉蚜、绣线菊蚜、黄粉蚜的体色、腹管、尾片和危害状。

（3）观察梨斑蛾、天幕毛虫和舞毒蛾成虫翅的质地、颜色，幼虫体形及危害状。

（4）观察梨金缘吉丁虫、梨眼天牛、梨茎蜂危害状，成虫的体色、花纹及幼虫的特征。

五、作　业

（1）列表对比苹果和梨树病害症状和病原菌形态（可以图示）（可从病斑发生位置、颜色、大小、是否有轮纹、有无晕圈、界限是否清楚、是否腐烂、是否有病症等方面描述）。

（2）对比描述梨大食心虫、梨小食心虫、桃小食心虫典型形态特征，绘各虫态图。

六、思考题

（1）怎样区分苹果瘤蚜、绣线菊蚜、苹果棉蚜、山楂叶螨和苹果叶螨危害状？

（2）怎样区别梨黑星病症状与梨木虱危害后对梨叶片的污染？

实验11 葡萄、柑橘病虫害观察

一、目的要求

（1）识别葡萄、柑橘常见病害种类，区别葡萄、柑橘主要病害的症状特点与病原形态。

（2）识别葡萄、柑橘常见害虫种类，区别当地葡萄、柑橘主要害虫的形态特征与危害特点。

二、材 料

（1）葡萄病害：霜霉病、白腐病、黑痘病、炭疽病、房枯病、黑腐病、蔓枯病、扇叶病等病害实物标本、病原菌玻片标本等。

（2）葡萄害虫：葡萄透翅蛾、葡萄天蛾、葡萄十星叶甲、葡萄二点叶蝉、葡萄根瘤蚜、葡萄缺节瘿螨、葡萄短须螨等实物标本、玻片标本和危害状标本，彩色照片、挂图、光盘及多媒体课件等。

（3）柑橘病害：柑橘疮痂病、柑橘炭疽病、柑橘黄龙病。

（4）柑橘害虫：柑橘螨类、柑橘大实蝇、柑橘潜叶蛾。

三、仪器和用具

光学显微镜、体视显微镜、放大镜、挑针、镊子、培养皿、载玻片、盖玻片、废液缸、洗瓶、酒精灯、酒精、吸水纸、镜头纸、纱布、蒸馏水、二甲苯、结晶紫或碱性复红等。

四、内容与方法

（一）葡萄病害症状和病原菌形态观察

1. 葡萄霜霉病

观察病叶片正面病斑的颜色及形状，注意叶片背面病斑有无密生的白色霜霉状物。注意与葡萄白粉病的症状区别。镜检葡萄霜霉病菌孢囊梗分枝情况和孢子囊形态。

2. 葡萄白腐病

观察病果干缩失水及穗轴和果梗干枯缢缩状态，病蔓和病梢皮层形态，病叶病斑形状、大小，注意病部是否生有灰色颗粒状物；是否有同心轮纹。镜检分生孢子器形状及分生孢子梗、分生孢子形状、大小和颜色。

3. 葡萄黑痘病

观察病叶片、新梢及果实病斑，注意各部位病斑形状、大小、颜色以及有无晕圈。果实病斑有无鸟眼状表现。新梢病斑与叶果有何不同。镜检观察分生孢子梗是否着生在菌丝块上。观察分生孢子的形状、大小及颜色。

4. 其他病害

观察葡萄炭疽病、锈病、蔓枯病、房枯病、褐斑病在叶片上的症状特点。

（二）葡萄害虫形态和危害状观察

（1）观察葡萄透翅蛾成虫的体形、体色、前翅的特征；幼虫形态和危害状。

（2）观察葡萄天蛾成虫前翅特征；注意幼虫体色、体上线纹和锥状尾角。

（3）观察比较葡萄短须螨和葡萄缺节瘿螨的形态特征及危害状。

（三）柑橘病害症状和病原菌形态观察

1. 柑橘黄龙病

观察病叶变厚、硬化、叶表无光泽，叶脉肿大，有些肿大的叶脉背面破裂，似缺硼状；病果是否畸形，着色不均，常表现为“红鼻子”果。

2. 柑橘青霉和绿霉病

观察病果表面是否有水渍状病斑和软腐现象，后长出白色霉层，以后又在其中部长出青色或绿色粉状霉层，霉层带以外仍存在水渍状环纹。病斑后期可深入果肉，导致全果腐烂。区别从是否黏附包装纸，闻到发霉气味还是芳香气味，产生霉层的颜色等来区分是青霉病还是绿霉病。镜检分生孢子梗及分生孢子。

（四）柑橘害虫形态和危害状观察

（1）柑橘螨类　区别柑橘锈壁虱、柑橘全爪螨、柑橘锈螨和柑橘瘤螨的特征。

（2）柑橘大实蝇　别名柑橘大果实蝇、黄果蝇，幼虫名为柑蛆。观察成虫的体形、体色、前翅的特征；幼虫形态和危害状。

（3）柑橘潜叶蛾　观察幼虫潜入柑橘新梢嫩茎、嫩叶表皮下蛀食叶肉，形成的白色弯曲虫道。

五、作　业

（1）列表对比葡萄树病害症状和病原菌形态（可以图示）（可从病斑发生位置、颜色、大小、是否有轮纹、有无晕圈、界限是否清楚、是否腐烂、是否有病症等方面描述）。

（2）将葡萄害虫的观察结果填入表 1-11-1。

表 1-11-1　葡萄害虫观察结果记录表

害虫名称	危害虫态	危害部位及危害状	主要形态特征

（3）绘图区别常见柑橘螨类。

项目 6　观赏植物病虫害

实验 12　观赏植物病害症状、病原观察

一、目的要求

（1）识别观赏植物常见叶部、茎干、果实、根部病害种类。

（2）区别主要病害的症状特点与病原形态。

二、材　料

（1）叶部病害：白粉病、锈病、炭疽病、灰霉病、叶斑病、叶畸形、病毒病、煤污病等。

（2）枝干病害：溃疡，腐烂病类，枝枯萎病类，丛枝病类等。

（3）根部病害：苗木猝倒病，苗木茎腐病，苗木紫纹羽病，苗木白绢病，根结线虫病等以上病害的新鲜标本或腊叶标本、病原菌玻片标本等。

三、仪器和用具

光学显微镜、体视显微镜、放大镜、挑针、镊子、培养皿、载玻片、盖玻片、废液缸、洗瓶、酒精灯、酒精、吸水纸、镜头纸、纱布、蒸馏水、二甲苯、结晶紫或碱性复红等。

四、实验内容和方法

（一）观赏植物叶部病害观察及病原形态识别

1. 白粉病类

观察月季白粉病、黄栌白粉病、瓜叶菊白粉病，观察被害部位表面是否长出一层白色粉状物，注意观察在其上产生黄褐色或黑褐色的颗粒状小粒点（即病菌闭囊壳）。用挑针挑取病叶上的白色粉状物和小粒点制片，在显微镜下观察菌丝和分生孢子形态，特别是观察闭囊壳的附属丝和子囊及子囊孢子的数目和特征，根据白粉菌目检索表鉴定出病原的种类。

2. 锈病类

观察玫瑰锈病和海棠锈病，观察被害部位是否产生锈色粉状物，特别注意被害叶

片正面和反面的症状差异，观察是否能看到夏孢子堆和冬孢子堆。取玫瑰锈病和海棠锈病叶片切片制片，观察病原形态，特别注意冬孢子形态及细胞数目。

3. 炭疽病类

观察兰花炭疽病或山茶炭疽病，观察病斑是否为圆形或半圆形，发生部位是否在叶缘、叶尖；观察病斑边缘是否有红褐色至黑褐色隆起，观察后期是否散生或轮生黑色小点（即分生孢子器）；潮湿条件下，病部是否产生粉红色分生孢子堆。取兰花炭疽病叶片切片观察分生孢子盘、分生孢子梗、分生孢子形态。

4. 灰霉病类

观察仙客来灰霉病或四季海棠灰霉病症状，观察受害叶片初期出现水渍状绿色斑点，逐渐扩大到全叶，使叶片变成褐色腐烂，最后全叶褐色干枯，注意观察病部是否能看到灰色霉层。取仙客来灰霉病叶制片，观察病菌分生孢子梗及分生孢子。

5. 叶斑病类

观察月季黑斑病、杜鹃角斑病、菊花褐斑病、牡丹叶霉病、鸡冠花叶斑病等病害症状特点。观察病斑颜色、形状，后期病部是否产生大量小黑点或霉层。取材料切片镜检或玻片标本观察，注意识别分生孢子盘、分生孢子器、分生孢子梗及分生孢子形态。

6. 叶畸形类

观察桃缩叶病和杜鹃饼病等病害症状，观察叶片感病后是否出现皱缩扭曲、病处肥大增厚变形、质地变脆、病部出现一层灰白色粉层（即病菌的子实体）等症状。取桃缩叶病叶片，进行徒手切片观察，观察子囊产生的位置及形状特征。

7. 病毒病类

观察郁金香碎色病、香石竹病毒病、菊花矮化病、美人蕉花叶病等病害症状特点。观察感病植株叶片是否出现褪色、花叶状、花瓣上是否有碎色杂纹或出现褪色花等症状。有条件在电子显微镜下观察病毒。

8. 煤污病

观察紫薇、牡丹、夹竹桃、桂花、金橘等花木煤污病症状，受害叶片表面是否布满黑色煤烟状物。挑取病叶上的黑色煤烟层制片，置显微镜下观察，注意菌丝形态、分生孢子梗、分生孢子着生情况。

（二）观赏植物枝干病害症状及病原形态识别

1. 枝干溃疡、腐烂病类

观察月季枝枯病、仙人掌茎腐病、柑橘溃疡病、银杏茎腐病、槐树溃疡病、鸢尾细菌性软腐病、棕榈干腐病的症状，主要特征是病部水渍状，病斑组织软化，皮层腐烂，失水后产生下陷，病部开裂。后期病斑上产生许多小粒点，既病菌子实体。比较其病斑形状、颜色、边缘及病菌子实体形态的差异。用显微镜观察上述病原菌形态。

2. 丛枝病类

观察竹丛枝病、枫杨丛枝病、泡桐丛枝病、翠菊黄化病症状，典型症状叶变小而革质化，腋芽萌发，节间缩短，形成丛枝，花器返祖，花变叶变绿色，生长发育受阻，整个植株矮化等。

3. 枝干锈病类

观察竹秆锈病、松瘤锈病的症状特点，是否出现大量锈色、橙色、黄色甚至白色的病斑，以后表皮破裂露出铁锈色孢子堆，是否产生肿瘤。认真观察不同锈病的症状，及其在转主寄主上的特征。用显微镜观察上述锈病病原菌形态，比较其各类孢子的差异。

4. 枯萎病类

观察松材线虫病、香石竹枯萎病症状特征。在显微镜下观察病原线虫的特点和石竹尖镰孢的特点。

5. 寄生性种子植物害类

观察寄生性种子植物的形态特征及其危害状。

（三）观赏植物根部病害症状及病原形态

1. 苗木猝倒病和立枯病

观察苗木种芽腐烂型，猝倒型，立枯型，叶枯型病状，掌握其生长不同时期的症状，用显微镜观察腐霉菌，丝核菌，镰刀菌玻片标本，了解病原菌的形态特征。

2. 苗木茎腐病

观察银杏茎腐病症状，根茎部皮层腐烂脱落，组织呈海绵状或粉末状，产生许多细小的黑色小菌核。显微观察病菌标本，菌核黑褐色，扁球形或椭圆形，粉末状，分生孢子器有孔口，分生孢子梗细长，不分枝，分生孢子单孢，无色长椭圆形。

3. 苗木紫纹羽病

观察松树或杨树紫纹羽病，植物被害后根部表面产生紫红色丝网状物或紫红色绒布状菌丝膜，有的可见细小紫红色菌核。病根皮层腐烂，极易剥落。病株顶梢不抽芽，叶形短小，发黄皱缩卷曲，枝条干枯，全株枯萎。显微观察病原菌特点，子实体膜质，紫色或紫红色，子实层向上，光滑，担孢子单细胞，肾形，无色。

4. 苗木白绢病

观察油茶白绢病，水仙白绢病的症状，根茎部皮层变褐坏死，病部及周围根际土壤表面产生白色绢丝状菌丝体，并出现菜籽状小菌核。显微观察病原菌特点，菌丝体白色，菌核球形或近球形。

5. 根结线虫病

观察仙客来根结线虫病特征，被害嫩根产生许多大小不等的瘤状物，剖开可见瘤内有白色透明的小粒状物，即根瘤线虫的雌成虫。病株叶小，发黄，易脱落或枯萎。根结线虫特征观察，雌雄异形，雌虫乳白色，头尖腹圆，呈梨形，雄虫蠕虫形，细长，尾短而钝圆，有两根弯刺状的交合刺。

五、作　业

列表对比观赏植物叶部、茎干、根部病害症状和病原菌形态（可以图示）（可从病斑发生位置、颜色、大小、是否有轮纹、有无晕圈、界限是否清楚、是否腐烂、是否有病症等方面描述）。

六、思考题

室内观叶植物病害发生需要什么条件，如何科学地养护及预防病害的发生？

实验 13　观赏植物害虫形态、危害状观察

一、目的要求

识别观赏植物主要吸汁害虫、茎干害虫、地下害虫的形态特征和植物被害状特点。

二、材　料

（1）吸汁类害虫：叶蝉、蜡蝉、木虱、粉虱、蚜虫、蚧、蓟马等。

（2）茎干害虫：天牛、小蠹虫、木蠹蛾、透翅蛾、螟蛾等。

以上害虫的瓶装浸渍标本、针插标本、生活史标本、危害状标本等。

三、仪器和用具

光学显微镜、体视显微镜、放大镜、挑针、镊子、培养皿、载玻片、盖玻片、废液缸、洗瓶、酒精灯、酒精、吸水纸、镜头纸、纱布、蒸馏水、二甲苯、结晶紫或碱性复红等。

四、实验内容和方法

（一）吸汁害虫形态和危害状

1. 叶蝉类

（1）危害状　一般以成虫、若虫刺吸植物汁液，受害叶片呈现小白斑，严重时全叶苍白，枝条枯死，影响生长发育。

（2）害虫　识别大青叶蝉和小绿叶蝉特点，比较其体形大小，颜色，前胸背板和小盾片上的斑纹数目，颜色，形状。

2. 蜡蝉类

（1）危害状　植物被害状观察，采集蜡蝉危害的刺槐、三角枫、葡萄等，可见以成虫、若虫吸汁危害，常群集叶柄基部为多，造成枝叶枯死，并诱发煤污病。

（2）害虫　识别斑衣蜡蝉形态特点，头小，触角鲜红色，刚毛状，位于复眼下方。前翅基部 2/3 淡褐色，上有 10 ~ 20 个黑色斑点，端部 1/3 黑色，脉纹白色，后翅膜质，扇形，基部一半红色，有黑色斑 6 ~ 7 个，翅中有倒三角形的白色区，翅端及脉纺黑色。

3. 木虱类

（1）危害状　观察被害梧桐和蒲桃，可见成、若虫群集嫩梢，叶背，吸汁危害，有的导致叶片上产生虫瘿，使叶片卷曲，组织肿胀，硬化变脆。若虫分泌白色棉絮状蜡质物，影响树木光合作用和呼吸作用，并诱发煤污病。

（2）害虫　观察梧桐裂头木虱和蒲桃木虱特征，注意其体型大小，颜色，体表的棉絮状蜡粉，胸节背板特点，腹部末端形状。

4. 粉虱类

（1）危害状　采集被害植物观察，成、若虫群集植物叶背，刺吸汁液危害，使叶片卷曲，褪绿发黄，被害处形成黄斑，甚至干枯。成虫和若虫分泌蜜露，诱发煤污病。

（2）害虫　识别白粉虱和橘刺粉虱。注意观察其形体大小，颜色，体被蜡粉，前后翅翅脉形状。

5. 蚜虫类

（1）危害状　植物被害状观察，受害叶片向叶背横卷，新梢，嫩叶背面布满蚜虫，叶子皱缩不平，变成红色。植株受害后，枝梢生长缓慢，花蕾和幼叶不易伸展，花形变小，同时诱发煤污病。

（2）害虫　用体视显微镜观察绣线菊蚜、桃蚜、月季长管蚜等蚜虫标本，注意观察体色，蜡粉，额瘤特点，触角上的感觉器，腹管和尾片的形态、构造。观察有翅蚜翅脉的构造特点，区别所示标本的差异。

6. 蚧　类

（1）危害状　植物被害状观察，造成植物叶片发黄，枝梢枯萎，引起落叶，甚至全株枯死，并能诱发煤污病。

（2）害虫　观察红蜡蚧、日本龟蜡蚧、吹绵蚧、黑松松干蚧、草履蚧、常春藤圆盾蚧、糠片蚧、松突圆蚧、湿地松粉蚧的形态特征，雌虫体呈卵圆形，圆形或长形，分节不明显，被有各种介壳和蜡质物及蜡粉；雄虫一般有 1 对翅，翅脉简单，后翅退化为平衡棒。注意区分上述各种雌雄蚧壳虫的体形特点。

7. 蓟马类

（1）危害状　植物被害状观察，被成、若虫危害植物的花，被害后留下灰白色的点状痕，造成花瓣卷缩。

（2）害虫　观察花蓟马、黄胸蓟马标本，注意两种蓟马体形、体色、翅及前胸背板的特征。

（二）枝干害虫（线虫）形态和危害状

1. 天牛类

观察本地常见的天牛生活史标本，如黄斑星天牛、光肩星天牛、星天牛、云斑天牛、桑天牛、桃红颈天牛等成虫、幼虫的形态特征，注意各种天牛成虫的大小、体色、胸背部斑纹、点刻刺突等腰三角形特征；观察幼虫的大小体色，前胸背板特点。掌握区分相近种的主要依据。观察天牛的危害状、被害枝蛀孔的特点。

2. 小蠹虫类

观察本地常见的小蠹虫生活史标本，掌握其形态特征及其坑道系统的特点。

3. 木蠹蛾类

观察咖啡木蠹蛾、柳干木蠹蛾等的生活史标本，比较其成虫体形大小、体色、鳞片、翅面斑纹等的特征，掌握成虫的区别特征。观察木蠹蛾类的危害状，注意其蛀孔、排泄物的特点。

4. 螟蛾类

观察微红梢斑螟、松梢螟、桃蛀螟等的生活史标本，比较其成虫体长、翅展大小、体色，前后翅颜色、斑纹、线条等的特征，老熟幼虫长度、颜色、各体节毛片等的形状。其危害特性主要是蛀梢，破坏顶端生长。

5. 线虫病害

观察松材线虫病症状特征，了解线虫的形态特点。

五、作　业

（1）绘观赏植物主要枝干害虫（线虫）形态特征图。

（2）比较绣线菊蚜、桃蚜、月季长管蚜 3 种蚜虫的形态和危害特点。

（3）系统总结刺吸式害虫的危害特性，并列出当地主要的刺吸式害虫种类。

综合实训篇

实训 1　病害标本的采集、制作和保存
实训 2　昆虫标本的采集、制作和保存
实训 3　园艺植物病虫害的调查和统计
实训 4　病原菌的分离与纯化
实训 5　农药田间药效试验
实训 6　园艺植物病虫害综合防治历的制订

实训1 病害标本的采集、制作和保存

一、目的要求

学习采集、制作和保存植物病害标本的方法，并通过标本采集及鉴定，熟悉当地园艺植物病害种类和症状特点。

二、材料和用具

标本夹、吸水纸、塑料袋、纸袋、标签、铅笔、记号笔、小刀、枝剪、手锯、标本缸、醋酸铜、硫酸铜、95%乙醇、甲醛溶液、亚硫酸、甘油、蒸馏水。

三、内容与方法

（一）病害标本采集用具及用途

（1）标本夹　用以夹压各种含水分不多的枝叶病害标本，多为木制的栅状板。

（2）标本纸　应选用吸水力强的纸张，可较快吸除枝叶标本内的水分。

（3）采集箱　采集较大或易损坏的组织如果实、木质根茎，或在田间来不及压制的标本时用。

（4）其他　剪枝剪、小刀、小锯及放大镜、纸袋、塑料袋、记录本和标签等（图2-1-1）。

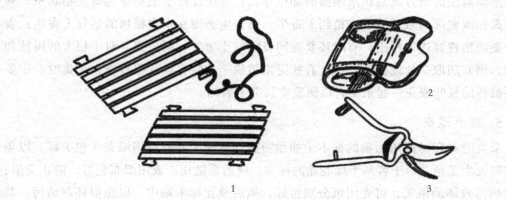

1—标本夹；2—采集箱；3—枝剪

图 2-1-1　标本采集工具

（二）采集标本应注意的问题

1. 症状典型

要采集发病部位的典型症状，并尽可能采集到不同时期不同部位的症状，如猕猴桃溃疡病标本需要采集到有褐色病斑的叶片上，还有流出红褐色液体的茎干。同一标本上的症状应是同一种病害的，当多种病害混合发生时，更应进行仔细选择。也可以用专业相机拍照，真实记载和准确呈现病害的症状特点。每种标本采集至少 5 份，标本应完整，不要损坏，以保证鉴定的准确性和标本制作时的质量。

2. 病征完全

采集病害标本时，对于真菌和细菌性病害一定要采集有病征的标本，真菌病害则病部有子实体为好，以保证鉴定的准确性；对子实体不很显著的发病叶片，可带回保湿，待其子实体长出后再行鉴定和标本制作。对真菌性病害的标本如白粉病，因其子实体分有性和无性两个阶段，应尽量在不同的适当时期分别采集，早期采集有白色粉层的分生孢子，后期采集有黑色小点的孢子囊，还有许多真菌的有性子实体常在地面的病残体上产生，采集时要注意观察。

3. 取样部位

标本上有子实体的应尽量在老叶上采集，因为它比较成熟，许多真菌有性阶段的子实体都在枯死的枝叶上出现，而无性阶段子实体大多在活体上可以找到。柔软多汁的子实体或果实材料，则应采集新发病的幼果。病毒病应尽量采集顶梢与新叶。线虫病害标本应采病变组织，危害根部的线虫病害标本除采集病根外还应采集根围土壤。

4. 采集地的地理生态条件

要紧密联系病害的发生条件、病原物的生物特性等考虑，如采集鞭毛菌亚门真菌，应在潮湿低洼的地方或易积水结露的部位寻找；寄生性种子植物应与寄主相联系，列当在高纬度地区的双子叶草本植物上寄生，槲寄生类则在木本植物的茎秆上寄生；表现菟萎的植株要连根挖出，有时还要连同根际的土壤等一同采集。对于粗大的树枝和植株，则宜削取一片或割取一截。有些野生植物上的病害症状很特殊，采集时一定要连同植株的枝叶或花一起采集，以便鉴定其寄主名称。

5. 避免混杂

采集时对容易混淆污染的标本（如黑粉病和锈病）要分别用纸夹（包）好，以免鉴定时发生差错；对于容易干燥卷缩的标本，应随采随压，或用湿布包好，防止变形；因发病而败坏的果实，可先用纸分别包好，然后放在标本箱中，以免损坏和玷污；其他不易损坏的标本如木质化的枝条、枝干等，可以暂时放在标本箱中，带回室内进行压制和整理。

6. 采集记载

所有病害标本都应有记载，以免后期鉴定错乱。标本记载内容应包括：寄主名称、标本编号、采集地点、生态环境（坡地、平地、砂土、壤土等）、采集日期（年月日）、采集人姓名、病害危害情况（轻、重）等（表 2-1-1）。标本应挂有标签，同一份标本在记录簿和标签上的编号必须相符，以便查对；标本必须有寄主名称，这是鉴定病害的前提，如果寄主不明，鉴定时困难就很大。对于不熟悉的寄主，最好能采到花、叶和果实，对鉴定会有很大帮助。

表 2-1-1　植物病害标本采集记录表

寄主名称：	
病害名称：	
采集地点：	
采集日期：	
产地及环境：平地□砂土□壤土□黏土□坡地□	
受害部位：根□茎□叶□花□果实□其他□	
病害发生情况：普遍□不普遍□轻□中□重□	
采集人：	定名人：
采集编号：	标本编号：

（三）标本的制作与保存

从田间采回的标本，除一部分用作分离鉴定外，对于典型的病害症状最好是先摄影然后再压制或浸渍保存。压制或浸渍的标本尽可能保持其原有性状，微小的标本可以制成玻片，如双层玻片、凹穴玻片或用其他小玻管、小袋收藏。

1. 标本的摄影

通过摄影将病害症状的自然状况记录下来，使用彩色照相还能表现标本的真实色彩，效果更好，经过积累有一定的标本图片库，用于教学和研究的工具材料。

2. 干燥标本

干燥法制作标本简单而经济，标本还可以长期保存，应用最广。

（1）标本压制

对于含水量少的标本，如豆科植物和一些灌木花卉的病叶、茎标本，应随采随压，以保持标本的原形；含水量多的标本，如十字花科、茄科等植物的叶片，应自然散失一些水分后，再进行压制；有些标本制作时可适当加工，如标本的茎或枝条过粗或叶片过多，应先将枝条劈去一半或去掉一部分叶再压，特别是叶片正反不同症状的标本需要将部分叶片反过来，以保证鉴定时的方便和准确。有些需全株采集的植物标本，一般是将标本的茎折成“V”字形或“N”字形后压制。压制标本时应附有临时标签，临时标签上只需记载寄主和编号即可（图 2-1-2）。

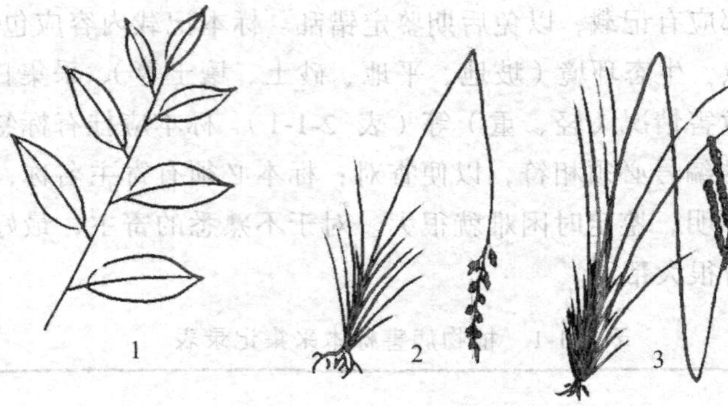

1—“I”字形；2—“V”字形；3—“N”形

图 2-1-2　植物标本的形状

（2）标本干燥

每个标本夹的总厚度以 10 cm 为宜，一般每层标本放一层（3 ~ 4 张）标本纸。标本夹好后，要用细绳将标本夹扎紧，放到干燥通风处，使其尽快干燥，避免发霉变质。同时注意勤换标本纸，一般是前 3 ~ 4 d 每天换纸 2 次，以后每 2 ~ 3 d 换 1 次，直到标本完全干燥为止。在第 1 次换纸时，由于标本经过初步干燥，已变软而容易铺展，可以对标本进行整理（图 2-1-3）。

图 2-1-3　标本换纸

不准备做分离用的标本也可在烘箱或微波炉中迅速烘干。标本干燥愈快，就愈能保存原有色泽。干燥后的标本移动时应十分小心，以防破碎；对于果穗、枝干等粗大标本，在通风处自然干燥即可，注意不要使其受挤压而变形。

（3）标本保存

标本经选择整理和登记后，及时进行鉴定，参考有关图谱和资料，鉴定出属名和种名。将包含完整的采集信息和鉴定信息的记录标签一并放入胶版印刷纸袋、牛皮纸袋或玻面标本盒中，贴好便于归档和查询的外标签，然后按寄主种类或病原类别分类存放。

除浸渍标本外，教学及示范用病害标本，用玻面标本盒保存比较方便。玻面标本盒的规格不一，根据标本大小选择合适的规格，通常一个标本室内的标本盒应统一规格，美观且便于整理。在标本盒的侧面还应注明病害的种类和编号，以便于存放和查找。

用胶版印刷纸折成纸袋，纸袋的规格可根据标本的大小决定。将标本和采集记录装在纸袋中，并把鉴定标签贴在纸袋的右上角（图 2-1-4）。袋装标本一般按分类系统排列，要有两套索引系统，一套是寄主索引，一套是病原索引，以便于标本的查找和资料的整理。

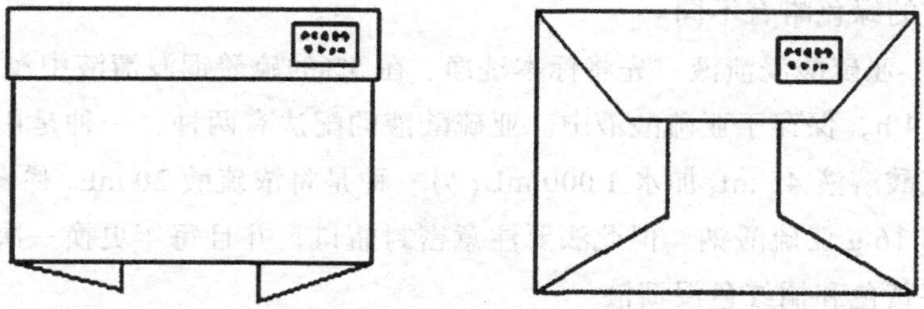

图 2-1-4　植物标本纸袋折叠方法

标本室和标本柜要保持干燥以防生霉，同时还要注意清洁以防虫蛀。可用樟脑放于标本袋和盒中，并定期更换，定期排湿（图 2-1-5）。

图 2-1-5　植物病害标本柜

3. 浸渍标本的制作与保存

果实类的病害为保持原有色泽和症状特征，可制成浸渍标本进行保存。果实因其种类和成熟度不同，颜色差别很大，应根据果实的颜色选择浸渍液的种类。

（1）保存绿色浸渍液

保存植物组织绿色的方法很多，可根据不同的材料，选用适当的方法。

① 醋酸铜浸渍液　将醋酸铜结晶逐渐加到 50%的醋酸溶液中至不再溶解为止（每 1000 mL 约加 15 g），然后将原液加水 3～4 倍后使用。溶液稀释浓度因标本的颜色深浅而不同，浅色的标本用较稀的稀释液，深色标本用较浓的稀释液。用醋酸浸渍液浸渍标本用冷处理方法比较好，具体做法是：将植物叶片或果实用 2～3 倍的稀释液冷浸 3 d 以上，取出用清水洗净，保存于 5%的福尔马林液中。用此法保存标本的颜色稍带蓝色，与植物的绿色略有不同。

② 硫酸铜-亚硫酸浸渍液　先将标本洗净，在 5%的硫酸铜浸渍液中浸 6～24 h，用清水漂洗 3～4 h，保存于亚硫酸液中。亚硫酸液的配法有两种：一种是用含 5%～6%的 SO_2 的亚硫酸溶液 45 mL 加水 1 000 mL；另一种是将浓硫酸 20 mL，稀释于 1000 mL 水中，然后加 16 g 亚硫酸钠。但此法要注意密封瓶口，并且每年更换一次浸渍液。

（2）保存黄色和橘红色浸渍液

含有叶黄素和胡萝卜素的果实，如梨、黄色苹果、杏、柿、柑橘及红色的辣椒等，用亚硫酸溶液保存比较适宜。方法是将含亚硫酸 5%～6%的水溶液稀释至含亚硫酸 0.2%～0.5%的溶液后即可浸渍标本。亚硫酸有漂白作用，浓度过高会使果皮褪色，浓度过低防腐力又不够，因此浓度的选择应反复实践来确定。如果防腐力不够，可加少量酒精，果实浸渍后如果发生崩裂，可加入少量甘油。

（3）保存红色浸渍液

红色多是由花青素形成的，因此水和酒精都能使红色褪去，较难保存。瓦查（Vacha）浸渍液可固定红色（配制方法如下）：硝酸亚钴 15 g、福尔马林 25 g、氯化锡 10 g、水 2 000 mL。

将标本洗净，完全浸没于浸渍液中两周，取出保存于以下溶液中：福尔马林 10 mL、95%酒精 10 mL、亚硫酸饱和溶液 30～50 mL、水 1000 mL。

不管哪种方法，制成的浸渍标本应存放于标本瓶中，贴好标签（图 2-1-6）。因为浸渍液所用的药品多数具有挥发性或者容易氧化，标本瓶的瓶口应很好地封闭。封口的方法如下：

① 临时封口法　用蜂蜡和松香各 1 份，分别熔化后混合，加少量凡士林油调成胶状，涂于瓶盖边缘，将瓶盖压紧封口；或用明胶 4 份在水中浸 3～4 h，滤去多余水分后加热熔化，加石蜡 1 份，继续熔化后即成为胶状物，趁热封闭瓶口。

② 永久封口法　将酪胶和熟石灰各 1 份混合，加水调成糊状物后即可封口。干燥后，因酪酸钙硬化而密封；也可将明胶 28 g 在水中浸 3～4 h，滤去水分后加热熔化，再加重铬酸钾 0.324 g 和适量的熟石膏调成糊状即可封口。

图 2-1-6 浸渍标本

四、作 业

采集、识别当地主要园艺植物病害，并根据实际情况制成腊叶标本、浸渍标本或玻片标本，并附上采集记录表及鉴定表。

五、思考题

采集标本时，为什么要采集病征完全的标本？

实训 2　昆虫标本的采集、制作和保存

一、目的要求

学习采集、制作和保存昆虫标本的方法，并通过标本采集和鉴定，熟悉当地昆虫种类及形态特征。

二、材料和用具

剪刀、小刀、镊子、放大镜、挑针、标本瓶、大烧杯、福尔马林、酒精、捕虫网、吸虫管、毒瓶、纸袋、采集箱、诱虫灯等。

三、内容及方法

（一）昆虫标本的采集

1. 采集用具

（1）捕虫网　常用的捕虫网有空网、扫网和水网三种。空网主要用于采集善飞的昆虫。网圈为粗铁丝弯成，网袋用透气、坚韧、浅色的尼龙纱制成，袋底略圆，以利于将捕获的昆虫装入毒瓶；扫网则用来扫捕植物丛中的昆虫，要求比空网结实。为取虫时方便，网袋可在底端开口；水网用来捕捉水生昆虫。网框的大小和形状不限，以适用为准。网袋要求透水性好，常用铜纱尼龙等制成（图 2-2-1）。

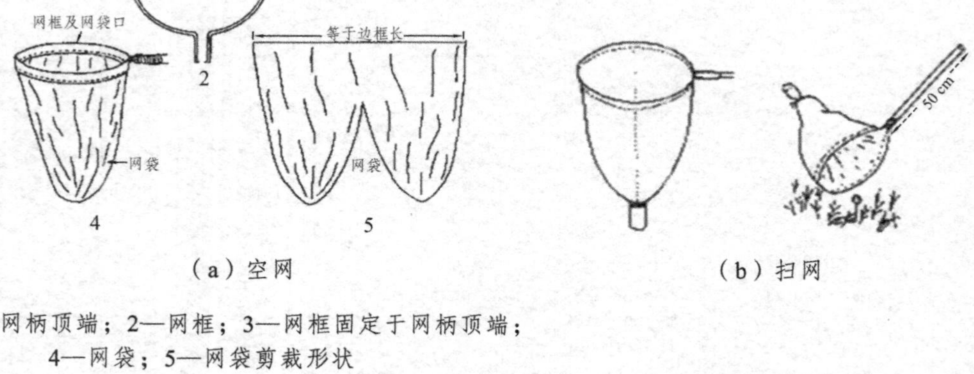

（a）空网　　　　（b）扫网

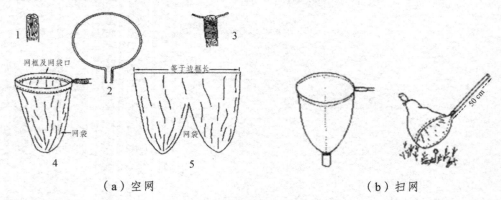

1—网柄顶端；2—网框；3—网框固定于网柄顶端；
4—网袋；5—网袋剪裁形状

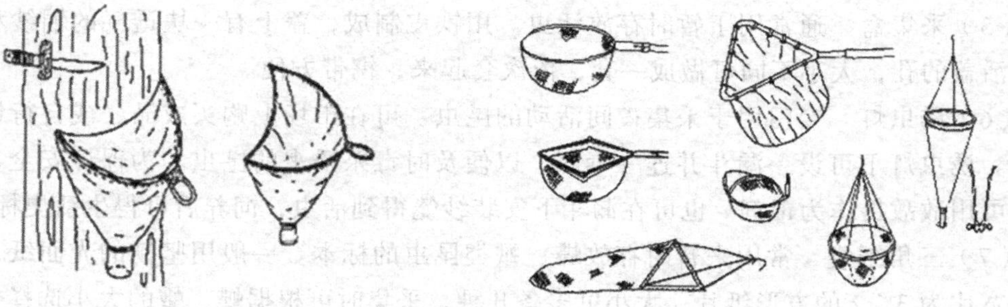

（c）刮网　　（d）各种水网

图 2-2-1　各种捕虫网

（2）毒瓶和吸虫管　毒瓶专用于毒杀昆虫。一般由严密封盖的磨口广口瓶或指形管制成。瓶（管）内最下层放毒剂氰化钾（KCN）或氰化钠（NaCN），压实；上平铺一层细木屑，压实，这两层各 5 ~ 10 cm；最上层是一薄层熟石膏粉，压平实后，用滴管均匀地滴入水，使之结成硬块即可。注意熟石膏粉应铺均匀，并尽量压紧实，以免使用时碎裂，影响使用寿命[图 2-2-2（a）]。

吸虫管用于采集蚜虫、蓟马、红蜘蛛等微小昆虫。主要利用吸气时形成的气流将虫体带入容器[图 2-2-2（b）]。

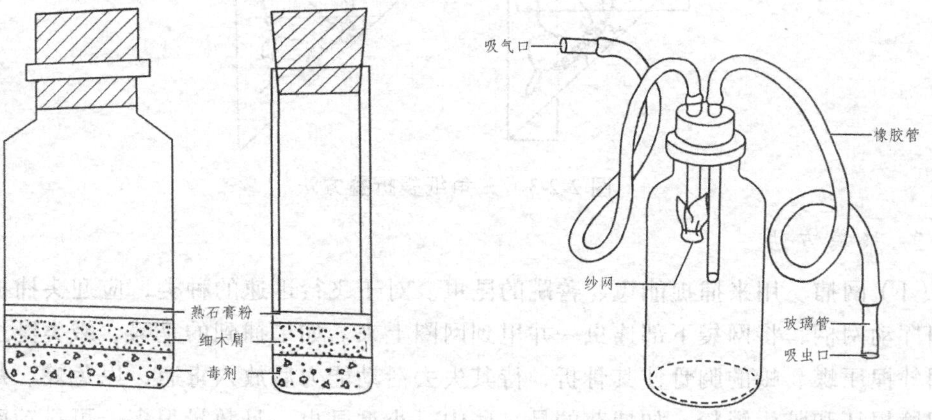

（a）毒瓶　　（b）吸虫管

图 2-2-2　毒瓶（a）和吸虫管（b）

（3）指形管　用于暂时存放虫体较小的昆虫。管底一般是平的，形状如手指，大小规格很多，管口直径一般在 10 ~ 20 mm，管长 50 ~ 100 mm。

（4）采集箱和采集袋　防压的标本和需要及时针插的标本，及三角纸包装的标本，可放在木制的采集箱内。外出采集的玻璃用具（如指形管、毒瓶等）和工具（如剪刀、镊子、放大镜、橡皮筋等）、记录本、采集箱等可放于一个有不同规格的分格的采集袋内，其大小可自行设计。

（5）采集盒　通常用于暂时存放活虫。用铁皮制成，盖上有一块透气的铜纱和一个带活盖的孔，大小不同可做成一套，依次套起来，携带方便。

（6）诱虫灯　专门用于采集夜间活动的昆虫。可在市场上购买成品，或自行设计制作。诱虫灯下可设一漏斗并连一毒瓶，以便及时毒杀诱来的昆虫。为保证安全，毒瓶内可用敌敌畏作为毒剂。也可在漏斗下安装纱笼得到活虫，饲养后可得生活史标本。

（7）三角纸袋　常用来暂时存放蝶、蛾类昆虫的标本。一般用坚韧的光面纸，裁成长宽比为 3∶2 的方形纸片，大小可多备几种，采集时可根据蝶、蛾的大小选择合适的纸袋（图 2-2-3）。

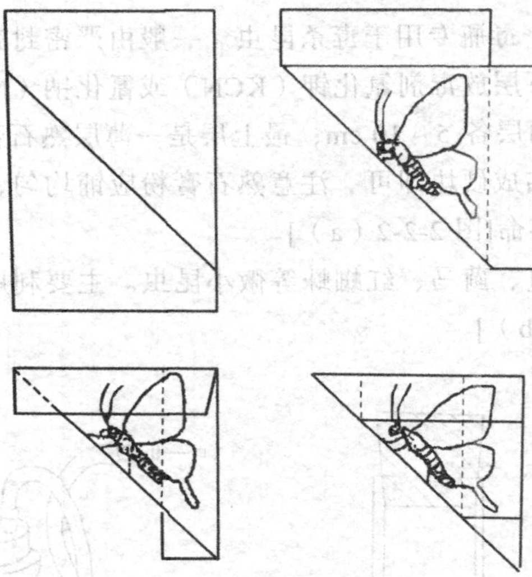

图 2-2-3　三角纸袋折叠方法

2. 采集方法

（1）网捕　用来捕捉能飞、善跳的昆虫。对于飞行迅速的种类，应迎头捕捉，并立即挥动网柄，将网袋下部连虫一并甩到网圈上来。如果捕到的是蝶、蛾类昆虫，应在网外捏压蝶、蛾的胸骨使其骨折，待其失去活动能力后放入毒瓶，以免蝶、蛾与瓶壁相撞损坏和脏污鳞粉；如捕获的是一些中、小型昆虫，且数量很多，可抖动网袋，使昆虫集中于网底，连同网放入大口毒瓶内，待昆虫毒死后再取出分装。

栖息于草丛中的昆虫应用扫网进行捕捉。采集者应边走边扫，若在扫网底部开口外连一个塑料管，可使虫体直接集中于管底，可减少取虫的麻烦，提高效率。

（2）诱集　诱集是利用昆虫的趋性和生活习性设计的招引方法，常用的有灯光诱集和食物诱集等。灯光诱集常用于蛾类、金龟子、蝼蛄等有趋光性的昆虫。黑光灯的诱集效果最好，诱集的昆虫种类较多，也可用普通白炽灯。在闷热、无风、无月的夜晚，诱集效果最好。食物诱集是利用昆虫的趋化性，嗅到食物的气味而飞来取食，夜蛾类、蝇类昆虫常用此类方法。很多蝶类昆虫喜欢吸食花蜜及腐烂发酵的水果，因此可在岩石或树干上涂蜂蜜或在地上布置腐烂瓜果进行引诱，也可利用昆虫的生活习性设置诱集场所，如利用杨树枝可诱集棉铃虫、黏虫、豆天蛾、斜纹夜蛾等鳞翅目成虫，堆草诱集地老虎幼虫，果树上缚草诱集越冬害虫等。

（3）振落　有许多昆虫，因其常隐蔽于枝丛内，或由于体形、体色与植物相似具有“拟态”，不易发现，此时应轻轻振动树干，昆虫受惊后起飞，有假死性的昆虫则会坠落或叶丝下垂而暴露目标，再行捕捉。

（4）搜索和观察　许多昆虫营隐蔽生活，如蝼蛄、金针虫和地老虎的幼虫在土壤中生活；天牛、吉丁虫、茎蜂和螟蛾的幼虫在植物的茎干中钻蛀生活，卷叶蛾的幼虫在卷叶团中生活，囊蛾的幼虫则躲避在由枝叶织造的长口袋中，沫蝉会分泌白色泡沫，还有很多昆虫在避风向阳的石块下、土缝中、叶片背面化蛹或越冬，在这些场所仔细搜索、观察就会采集到很多种类的昆虫。

根据害虫的危害状也可以寻找到昆虫，如植物形成虫瘿、叶片发黄、植物叶片上形成白点等，就可能找到蚜虫、木虱、蓟马、叶螨等刺吸式口器的害虫；在叶片上发现白色弯曲虫道或在植株和枝干下找到新鲜虫粪，可能找到潜叶蝇、鳞翅目和叶蜂等咀嚼式口器的害虫。

3. 采集时间及地点

昆虫要取食和危害各种植物，由于昆虫虫态多样，植物生长发育的时间相差很大，各种昆虫的不同虫态发生时间也有很大的差异，但都和寄主植物的生长季节大致相符。但在不同地区气候条件有所差别，同种昆虫的发生期也不尽相同。应掌握在各地区昆虫的大量发生期适时采集。如天幕毛虫的幼虫，应在每年的4～6月进行采集，而蛹在6月就应大量采集，并及时处理后保存，若要得到成虫，可将蛹采集后置于养虫笼内，待成虫羽化后及时毒杀并制成标本，由于天幕毛虫1年1代，7、8月卵块陆续出现后便不再孵化，随时采集即可。

另外，采集昆虫还应掌握昆虫的生活习性。有些昆虫是日出性昆虫，应在白天采集，而夜出性昆虫应在黄昏或夜间采集。如铜绿丽金龟在闷热的晴天晚间大量活动，而黑绒金龟则在温暖无风的晴天下午大量出土，并聚集在绿色植物上，极易捕捉。

采集环境有时也很重要，经常翻耕的田块地下害虫数量少，而果园、荒地虫量相对大，昆虫种类也相对丰富。

4. 采集标本时应注意的问题

一件好的昆虫标本个体应完好无损，在鉴定昆虫种类时才能做到准确无误，因此在采集时应耐心细致，特别对于小型昆虫和易损坏的蝶、蛾类昆虫。

此外，昆虫的各个虫态及危害状都要采到，这样才能对昆虫的形态特征和危害情况在整体上进行认识，特别是制作昆虫的生活史标本，不能缺少任何一个虫态或危害状，同时还应采集一定的数量，以便保证昆虫标本后期制作的质量和数量。

在采集昆虫时还应做简单的记载，如寄主植物的种类、被害状、采集时间、采集地点等，必要时可编号，以保证制作标本时标签内容的准确和完整。

（二）昆虫标本的制作

昆虫标本在采集后，不可长时间随意搁置，以免丢失或损坏，应用适当的方法加以处理，制成各种不同的标本，以便长期观察和研究。

1. 干制标本的制作用具

（1）昆虫针　昆虫针是制作昆虫标本时必不可少的工具，可以在制作标本前用来固定昆虫的位置，制作针插标本。昆虫针一般用不锈钢制成，型号共七种：00，0，1，2，3，4，5。0～5 号针的长度为 38.45 mm，0 号针直径 0.3 mm，每增加 1 号，直径相应增加 1/10 mm，所以 5 号针直径 0.8 mm。00 号（微针）与 0 号粗细相同，但仅为其长度的 1/3，用于微型昆虫的固定（图 2-2-4）。

（2）还软器　是对于已干燥的标本进行软化的玻璃器皿。一般使用干燥器改装而成。使用时在干燥器底部铺一层湿沙，加少量苯酚以防止霉变。在瓷隔板上放置要还软的标本，加盖密封，一般用凡士林作为密封剂。几天后干燥的标本即可还软。此时可取出整姿、展翅。切勿将标本直接放在湿砂上，以免标本被苯酚腐蚀（图 2-2-5）。

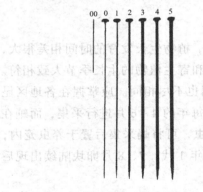

图 2-2-4　昆虫针

图 2-2-5　还软器

（3）展翅板　常用来展开蝶、蛾类、蜻蜓等昆虫的翅。用硬泡沫塑料板制成的展翅板造价低廉，制作方便。展翅板一般长为 33 cm，宽 8～16 cm，厚 4 cm，在展翅板的中央可挖一条纵向的凹槽，也可用烧热的粗铁丝烫出凹槽，凹槽的宽深各为 5～15 mm（图 2-2-6）。

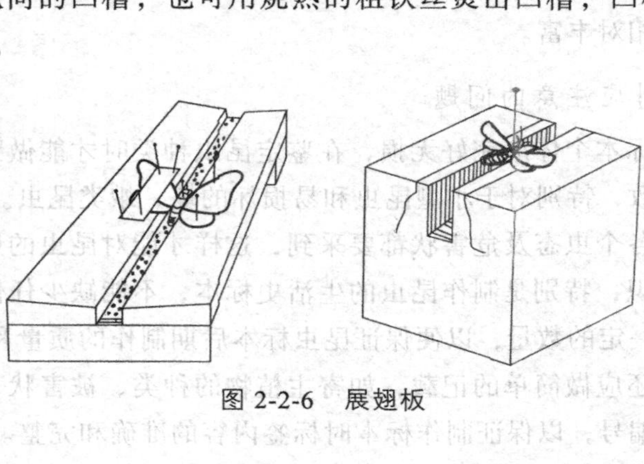
图 2-2-6　展翅板

（4）三级台　由整块木板制成，长 7.5 cm，宽 3 cm，高 2.4 cm，分为三级，每级高皆是 8 mm，中间钻有小孔。将昆虫针插入孔内，使昆虫、标签在针上有一定的位置（图 2-2-7）。

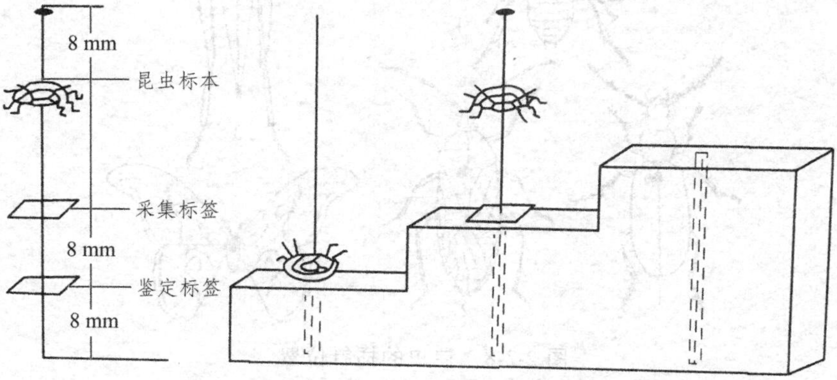

图 2-2-7　三级台

（5）三角纸台　用胶版印刷纸剪成底宽 3 mm，高 12 mm 的小三角，或长 12 mm，宽 4 mm 的长方纸片，用来粘放小型昆虫。

此外，大头针、粘虫胶（用 95%酒精溶解虫胶制成）或乳白胶等也是制作昆虫标本必不可少的用具。

2. 干制标本的制作方法

（1）针插昆虫标本

除幼虫、蛹及个体微小的昆虫以外，皆可用昆虫针插制作后装盒保存。

插针时，应按照昆虫标本体型大小选择号型合适的昆虫针。对于体型较大的夜蛾类成虫，一般选用 3 号针，天蛾类成虫，多用 4 或 5 号针；体型较小的蝽、叶蝉、小型蝶、蛾类则用 1 或 2 号针。

一般插针位置在虫体上是相对固定的。蝶、蛾、蜂、蜻蜓、蝉、叶蝉等从中胸背面正中央插入，穿透中足中央；蚊、蝇从中胸中央偏右的位置插针；蝗虫、蟋蟀、蝼蛄的虫针插在前胸背板偏右的位置；甲虫类虫针插在右鞘翅的基部；蝽类插于中胸小盾片的中央（图 2-2-8）。

这种插针位置的规定，一方面是为插针的牢固，另一方面是为避免破坏虫体的鉴定特征。昆虫虫体在昆虫针上的高度是一定的，在制作时可将带虫的虫针倒置，放入三级台的第一级小孔，使虫体背部紧贴于台面上，其上部的留针位置即为 8 mm。昆虫插制后还应进行整姿，前足向前，后足向后，中足向两侧；触角短的伸向前方，长的伸向背侧面，并使之对称、整齐、自然美观。整姿后要用大头针或纸条加以固定，待干燥定型后即可装盒保存。

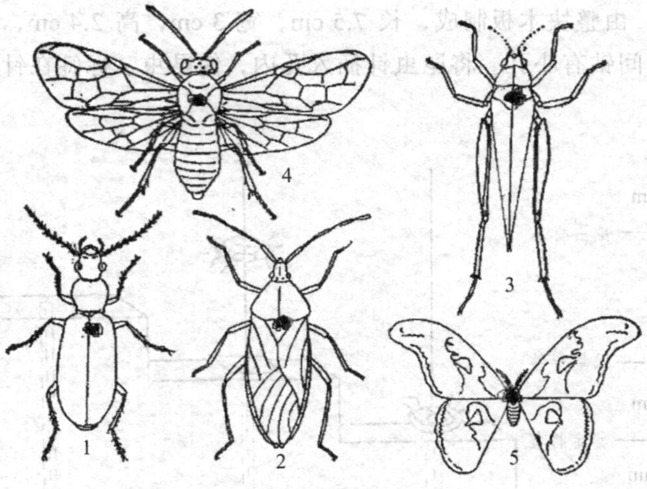

图 2-2-8　昆虫的插针位置

对跳甲、木虱、蓟马等体型微小的昆虫，选用 0 号或 00 号昆虫针，针从昆虫的腹面插入后，再将昆虫针插在软木片上，再按照一般昆虫的插法，将软木片插在 2 号虫针上。也可用虫胶将小昆虫粘在三角纸台的尖端，三角纸台的纸尖应粘在虫体的前足与中足之间，然后将三角纸台的底边插在昆虫针上。插制后三角纸台的尖端向左，虫体的前端向前（图 2-2-9）。

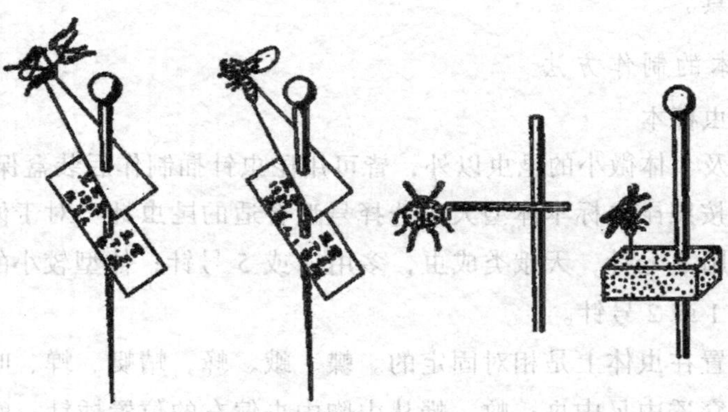

图 2-2-9　小型昆虫制作方法

（2）展翅

蝶、蛾和蜻蜓等昆虫，在插针后还需要展翅。将新鲜标本或还软的标本，选择号型合适的昆虫针，按三级台的特定高度插定，先整理蝶、蛾的 6 足，使其紧贴身体的腹面，不要伸展或折断；其次触角向前、腹部平直向后，然后转移至大小合适的展翅板上，虫体的背面应与两侧面的展翅板水平。

用 2 枚细昆虫针分别插于前翅前缘中部、第一条翅脉的后面，两手同时拉动一对前翅，使两翅的后缘在同一直线上，并与身体的纵轴成直角，暂时用昆虫针将前翅插在展翅板上固定。再取 2 枚细昆虫针拨后翅向前，将后翅的前缘压到前翅下面，臀区充分张开，左右对称，充分展平。然后用玻璃纸条压住，以大头针沿前后翅的边缘进行固定，插针时大头针应略向外倾斜（图 2-2-10）。

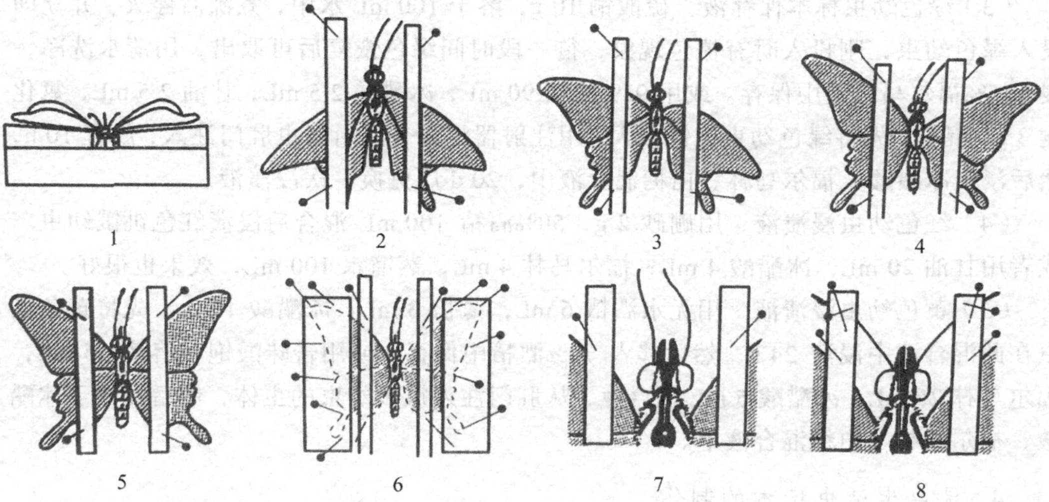

图 2-2-10 昆虫展翅方法

标本插针后应将四翅上的昆虫针拔去，大头针也不可插在翅面上，否则标本干燥后会留下针孔，破坏标本的完整和美观。大型蝶、蛾类等腹部柔软的昆虫在干燥过程中腹部容易下垂，须用硬纸片或虫针支撑在腹部，触角等部位也应拨正，可用大头针插在旁边板上使姿态固定。

标本放置一星期左右，就已干燥、定型，可以取下安插标签。将标本从展翅板上取下时，动作应轻柔，以免将质地脆硬的标本损坏。每个昆虫标本必须有两个标签，一个标签要注明采集地点、时间、寄主种类，虫针插在标签的正中央，高度在三级台的第二级；另一个标签标明昆虫的拉丁文学名和中文名，插在第一级。昆虫标本制作过程中如有损坏，可用粘虫胶贴着修补。

3. 浸渍标本的制作和保存

身体柔软、微小的昆虫和少数虫态（幼虫、蛹、卵）及螨类可用保存液浸泡后，装于标本瓶内保存。昆虫标本保存液应具有杀死昆虫和防腐的作用，并尽可能保存昆虫原有的体形和色泽。活幼虫在浸泡前应饥饿 1 ~ 2 d，待其体内的食物残渣排净后用开水煮杀，表皮伸展后投入保存液内。注意绿色幼虫不宜煮杀，否则体色会迅速改变。常用的保存液配方如下：

（1）酒精　常用浓度为 75%。小型和体壁较软的虫体可先在低浓度酒精中浸泡后，再用 75%酒精保存以免虫体变硬。也可在 75%酒精中加入 0.5% ~ 1%的甘油，可使虫体体壁长时间保持柔软。

酒精在浸渍大量标本后半个月应更换一次，以防止虫体变黑或肿胀变形，以后酌情再更换 1 ~ 2 次，便可长期保存。

（2）福尔马林液　福尔马林（含甲醛 40%）1 份，水 17～19 份。保存昆虫标本效果较好，但会略使标本膨胀，并有刺激性的气味。

（3）绿色幼虫标本保存液　硫酸铜 10 g，溶于 100 mL 水中，煮沸后停火，并立即投入绿色幼虫，刚投入时有褪色现象，待一段时间绿色恢复后可取出，用清水洗净，浸于 5%福尔马林液中保存。或用 95%酒精 90 mL，冰醋酸 2.5 mL，甘油 2.5 mL，氯化铜 3 g，混合。先将绿色幼虫饥饿几天，用注射器将混合液由幼虫肛门注入，放置 10 h，然后浸于冰醋酸、福尔马林、白糖混合液中，20 d 后更换一次浸渍液。

（4）红色幼虫浸渍液　用硼砂 2 g，50%酒精 100 mL 混合后浸渍红色饥饿幼虫。或者用甘油 20 mL，冰醋酸 4 mL，福尔马林 4 mL，蒸馏水 100 mL，效果也很好。

（5）黄色幼虫浸渍液　用无水酒精 6 mL，氯仿 3 mL，冰醋酸 1 mL。先将黄色昆虫在此混合液中浸渍 24 h，然后移入 70%酒精中保存。或用苦味酸饱和溶液 75 mL，福尔马林 25 mL，冰醋酸 5 mL 混合液，从肛门注入饥饿幼虫的虫体，然后浸渍于冰醋酸、福尔马林、白糖混合液中。

4. 昆虫生活史标本的制作

将前面用各种方法制成的标本，按照昆虫的发育顺序，即卵、幼虫（若虫）的各龄、蛹、成虫的雌虫和雄虫及成虫和幼虫（若虫）的危害状，安放在一个标本盒内，在标本盒的左下角放置标签即可（图 2-2-11）。

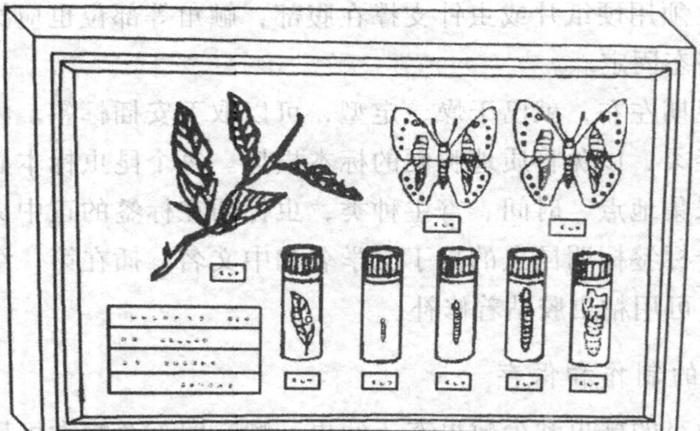

图 2-2-11　昆虫生活史标本

（三）昆虫标本的保存

昆虫标本是认识昆虫防治害虫的参考资料，必须妥善保存。保存标本，主要的工作是防蛀、防鼠、避光、防尘、防潮和防霉。

1. 针插标本的保存

针插的昆虫标本，必须放在有盖的标本盒内。盒有木质和纸质的两种，规格也多样，盒底铺有软木板或泡沫塑料板，适于插针；盒盖与盒底可以分开，用于展示的标本盒盖可以嵌玻璃，长期保存的标本盒盖最好不要透光，以免标本出现褪色现象。

标本在标本盒中应分类排列，如天蛾、粉蝶、叶甲等。鉴定过的标本应插好学名标签，在盒内的四角还要放置樟脑球以防虫蛀，樟脑球用大头针固定。然后将标本盒放入关闭严密的标本橱内，定期检查，发现蛀虫及时用敌敌畏进行熏杀。

2. 浸渍标本的保存

盛装浸渍标本的器皿，盖和塞一定要封严，以防保存液蒸发。或者用石蜡封口，在浸渍液表面加一薄层液体石蜡，也可起到密封的作用。将浸渍标本放入专用的标本橱内。

四、作　业

采集、识别当地昆虫，制作一定数量的昆虫针插标本、浸渍标本和生活史标本，并写好主要标本的标签和详细采集记录。

实训 3 园艺植物病虫害的调查和统计

一、目的要求

掌握常见园艺植物病虫害的调查方法，为防治病虫害奠定基础。

二、材料和用具

调查记录册、记录笔等。

三、内容及方法

病虫害的调查可分为一般调查、重点调查和调查研究三种。

（一）一般调查

当一个地区有关植物病虫害发生情况的资料很少时，应先进行一般调查。调查的内容宽泛，有代表性，但不要求精确。为了节省人力物力，一般性调查在植物病虫害发生的盛期调查 1～2 次，对植物病虫害的分布和发生程度进行初步了解。

在做一般性调查时要对各种植物病虫害的发生盛期有一定的了解，如地下害虫、猝倒病等应在植物的苗期进行调查，黄瓜枯萎病、霜霉病则在结瓜期后才陆续出现，苹毛金龟子在苹果、李子开花期前后是危害盛期，错过便很难调查到。所以，可选择在植物的几个重要生育期如苗期、花期、结果期、采收期进行集中调查，可同时调查多种植物病虫害的发生情况。调查内容可参考表 2-3-1。

表中的地块数字在实际调查时可改换为具体地块名称，重要病虫害的发生程度可粗略写明轻、中、重，对不常见的病虫害可简单地写有、无等字样。

表 2-3-1 植物病（虫）害发生调查表

调查人： 调查地点： 年 月 日

病虫害名称	植物名称和生育期	发病地块									
		1	2	3	4	5	6	7	8	9	10

（二）重点调查

在对一个地区的植物病虫害发生情况进行大致了解之后，对某些发生较为普遍或严重的病虫害可做进一步的调查。这次调查较前一次的次数要多，内容要详细和深入，如分布、发病率、损失程度、环境影响、防治方法、防治效果等。对发病率、损失程度的计算要求比较准确（参考表 2-3-2）。在对病虫害的发生、分布、防治情况进行重点调查后，有时还要针对其中的某一问题进行调查研究，调查研究一定要深入，以进一步提高对病虫害的认识。

表 2-3-2　植物病（虫）害调查记录表

调查人：　　　　　　　　　　　　　　　　　　年　　月　　日

调查地点：	
病（虫）害名称：	发病（被害）率：
田间分布情况：	
寄主植物名称：	品种：
种子来源：	
土壤性质：	肥沃程度：
含水量：	
栽培特点：	施肥情况：
灌、排水情况：	
病虫发生前温度和降雨：	
病虫害盛发期温度和降雨：	
防治方法：	
防治效果：	
群众经验：	
其他病虫害：	

（三）植物病虫害的统计方法

在对植物病虫害发生情况进行调查统计时，经常要用发病率、病情指数、被害率、被害指数等来表示植物病虫害的发生程度和严重度。

1. 植物病害调查结果统计

（1）发病率　按照植株或器官是否发病进行统计，以调查发病田块、植株、器官占所有调查数量的百分比。不能表示病害发生的严重程度，只适用于植株或器官受害程度大致相仿的病害，如系统感染的病毒病、全株发病的猝倒病、枯萎病、线虫病害等，及因局部发病而影响全株的瓜果腐烂病等。

$$发病率（\%）=\frac{调查病株（叶、果等）数}{调查总株（叶、果等）数}\times 100$$

如大白菜病毒病，调查 200 株，发病株为 15 株，发病率为 15/200×100=7.5%。

（2）病情指数　植物病害发生的轻重，对植物的影响是不同的。如叶片上发生少数几个病斑与发生很多病斑以致引起枯死的，就会有很大差别。因此，仅用发病率来表示植物的发病程度并不能够完全反映植物的受害轻重。将植物的发病程度进行分级后再进行统计计算，可以兼顾病害的普遍率和严重程度，能更准确地表示出植物的受害程度。

病情指数的计算，首先根据病害发生的轻重，进行分级计数调查，然后按下列公式计算。

$$\text{病情指数}=\frac{\sum\left[\text{各级病株}\left(\text{叶、果等}\right)\text{数}\times\text{相应级数}\right]}{\text{调查总株（叶、果等）数}\times\text{最高分级级数}}\times 100$$

现以黄瓜霜霉病为例，说明病情指数的计算方法。黄瓜霜霉病的分级标准见表 2-3-3。

表 2-3-3　黄瓜霜霉病的分级标准

等级	分级标准
0	无病斑
1	病斑面积占整个叶面积的 5%以下
3	病斑面积占整个叶面积的 6%～10%
5	病斑面积占整个叶面积的 11%～25%
7	病斑面积占整个叶面积的 26%～50%
9	病斑面积占整个叶面积的 50%以上

如调查黄瓜霜霉病叶片 200 片，其中 0 级 25 片、1 级 75 片、3 级 50 片、5 级 40 片、7 级 10 片，9 级 0 片。

$$\text{病情指数}=\frac{25\times 0+75\times 1+50\times 3+40\times 5+10\times 7+0\times 9}{200\times 9}\times 100=25.83$$

病情指数越大，病情越重。发病最重时病情指数为 100；没有发病时，病情指数为 0。

2. 植物害虫危害结果统计

（1）被害率

$$\text{被害率（\%）}=\frac{\text{被害株（茎、叶、花、果）数}}{\text{调查总株（茎、叶、花、果）数}}\times 100$$

表示植物的植株、茎秆、叶片、花、果实等受害虫危害的普遍程度，不考虑受害轻重，常用被害率来表示。

如调查桃小食心虫蛀食苹果的蛀果率（被害率），调查 500 个果，其中被蛀果实 35 个，蛀果率（被害率）为 35/500×100=7%。

（2）被害指数

许多害虫对植物的危害只造成植株产量的部分损失，植株之间的受害轻重程度并不相同，用被害率不能完全说明受害的实际情况，可采用与病害相似的方法，将害虫危害情况按植株受害轻重进行分级，再用被害指数可以较好地解决这个问题。

$$被害指数=\frac{\sum（各级株、茎、叶、花、果数）\times 相应级数}{调查总株、茎、叶、花、果数\times 最高级数}\times 100$$

现以蚜虫为例，说明被害指数的计算方法。蚜虫危害分级标准见表2-3-4。

表2-3-4　蚜虫危害分级标准

等级	分级标准
0	无蚜虫，全部叶片正常
1	有蚜虫，全部叶片无蚜害异常现象
2	有蚜虫，受害最重叶片出现皱缩不展
3	有蚜虫，受害最重叶片皱缩半卷，超过半圆形
4	有蚜虫，受害最重叶片皱缩全卷，呈圆形

调查蚜虫危害植株100株，0级53株，1级26株，2级18株，3级3株，4级0株。

$$被害指数=\frac{53\times 0+26\times 1+18\times 2+3\times 3+4\times 0}{100\times 4}\times 100=20.2$$

被害指数越大，植株受害越重；被害指数越小，植株受害越轻。植株受害最重时被害指数为100；植株没受害时，被害指数为0。

四、试验操作

（一）病虫害的一般性调查

在园艺植物生长的中、后期，对黄瓜、番茄、十字花科蔬菜及葡萄、苹果、桃等果树的病虫害种类进行普查。

1. 取　点

选择不同栽培条件、地势、土质的地块进行调查。

2. 调查记载

采用顺行调查方法进行调查，即从地块的一端开始调查，到达另一端后再从另一端开始向回调查。列表记录病害的分布情况和发病程度。

（二）特定病虫害调查

1. 调查黄瓜霜霉病

（1）地块的选择　选择不同品种、地势、土质、耕作制度、水肥管理的地块进行对比调查。

（2）取样　按平行线法选 5 点进行调查，每点 1 m 行长，调查 20 片叶。注意近地边的点距地边不得少于 2 m。

（3）调查结果统计　按黄瓜霜霉病的分级标准进行调查，统计每级的数量，用病情指数表示发病严重度。

2. 调查菜青虫发生情况

（1）地块的选择　选择不同品种、地势、土质、耕作制度、水肥管理的地块，进行对比调查。

（2）取样和结果统计　对菜青虫可采用“Z”字法 10 点取样，每个样方为 1 m 行长，调查每株内层叶至外层叶的各龄幼虫数，统计每株虫量。

五、作　业

（1）病虫害一般性调查

根据季节按寄主种类选择调查常见病虫害的一般发生情况，将结果填入表 2-3-1 和 2-3-2 中。

（2）特定病虫害调查

根据实际情况调查黄瓜霜霉病（或其他病害）并统计病情指数；调查菜青虫（或其他害虫）的田间发生情况。

实训 4 病原菌的分离与纯化

一、目的要求

掌握培养基制作及灭菌技术和植物病原菌的分离培养的常用方法，为进一步鉴定和防治植物病害奠定基础。

二、材料和用具

仪器用具：灭菌室、超净工作台、接种箱、恒温箱、烘箱或红外线干燥箱、紫外线灭菌灯、电炉、铝锅、天平、烧杯、量筒、培养皿、高压灭菌锅、试管、三角瓶、铁丝试管筐、试管架、漏斗、接种针、接种环、解剖刀、镊子、解剖剪、酒精灯、显微镜、载玻片、盖玻片、挑针、贮水滴瓶、手持喷雾器、纱布、棉花、玻璃铅笔等。

实验材料：马铃薯、蔗糖（葡萄糖）、琼脂、牛肉膏、蛋白胨及供分离用的真菌或细菌病害标本。

实验药品：福尔马林、高锰酸钾、肥皂、0.1%升汞水、漂白粉、酒精、蒸馏水等。

三、内容及方法

（一）培养基配制

一般兼性寄生物都可以在人工培养基上生长。可根据病原菌的需要，配制营养成分不同的培养基。最常用的固体培养基有：

1. 马铃薯葡萄糖琼脂培养基（PDA）

适用于培养真菌，其原料配方是：马铃薯 200 g、葡萄糖 20 g、琼脂 17 ~ 20 g、水 1000 mL。

马铃薯和蔗糖提供营养物质，琼脂主要起凝固作用。配制方法是：

（1）称量洗净去皮的马铃薯 200 g，称量葡萄糖 20 g、琼脂 7 ~ 20 g。

（2）将马铃薯切成小块，加水 1000 mL，煮沸约 0.5 h，用纱布滤去马铃薯残渣。

（3）在马铃薯滤液中加入琼脂，继续加热使琼脂完全溶化，注意琼脂加热过程中需控制火力，以免溢出或烧焦，加入葡萄糖并补入适量的热水，定容为 1000 mL。适于真菌生长的 pH 值为偏酸性，可不调 pH 值。

（4）分装于三角瓶或试管中，一般以瓶高的 1/3 较为合适，试管内的培养基做斜面的约装 5 mL，做平板的约装 10 mL，注意培养基不可玷污试管口和瓶口。

（5）加棉塞，棉塞的 1/3 在外，2/3 在内，拔出时有“嘭”的轻微爆破声，表明其大小合适。

（6）将试管约每 10 支捆扎好，棉塞部分用牛皮纸包好，牛皮纸上用铅笔或玻璃铅笔注明培养基种类、配制日期、组别等。

（7）摆斜面在灭菌后进行，将试管口搁置在一定高度的木条上，斜面的长度以不超过试管总长的 1/2 为宜。待培养基完全冷却后即成斜面。

2. 牛肉膏蛋白胨培养基（NA）

适用于培养一般细菌，其配制方法是：牛肉浸膏 3 ~ 5 g、蛋白胨 5 ~ 10 g、葡萄糖 2.5 g、琼脂 17 ~ 20 g、水 1000 mL。

将琼脂加水 1000 mL 煮至溶化后，将牛肉浸膏、蛋白胨及葡萄糖溶于水中，加 1 mol/L 的 NaOH 调 pH 值至 7.2 ~ 7.4。加 NaOH 时，应逐滴加入，以免过量；若过量，可用 1 mol/L 的 HCl 调回 pH 值至 7.2 ~ 7.4。用 pH 试纸测量培养基的 pH 值。之后分装、加棉塞、灭菌与 PDA 相同。细菌在 pH 7.0 ~ 7.2 范围内生长较合适，故需调节 pH 值。

在病原菌的分离培养中，平板培养基也经常使用，其制作方法是：将三角瓶或试管内的培养基熔化并冷却至 45 ~ 50 °C，取灭菌培养皿一个，在无菌条件下将培养基约 10 mL 倒入培养皿内。

将培养基倒入培养皿时，一般是先将三角瓶或试管的棉塞在酒精灯火焰附近拔下，用右手的手掌握住，切不可将棉塞放在接种箱或无菌室的台面上，以免沾染杂菌。左手拿起培养皿，用食指和拇指将培养皿盖掀开，用其余的手指托住培养皿底，将培养基倒入，在台面上按顺时针方向轻摇，使培养基均匀地分布在培养皿底部，待培养基完全凝固后备用。一般平板培养基应现用现做。

（二）灭　菌

1. 高压蒸汽灭菌

培养基需要灭菌后才能使用。对培养基一般采用高压蒸气灭菌，即在高压灭菌锅内，试管内培养基在 0.1 MPa 压力下，121 °C 灭菌 20 min；三角瓶内培养基在 0.1 MPa，121 °C 灭菌 30 min。

2. 干热灭菌

对培养皿、吸管等玻璃器皿，一般采用干热法灭菌。可将培养皿用报纸包裹后，放在烘箱内在 160 ~ 170 °C 下灭菌 1 ~ 2 h，灭菌后待温度下降到 60 °C 以下，方可打开箱门，以免玻璃器皿因骤冷而炸裂。

（三）病原菌分离培养

1. 分离场所的清洁和灭菌

在分离病菌的前一天，将福尔马林盛在小杯内放入无菌操作箱（接种箱）中，利用挥发气体清除箱内的微生物，若加入少量高锰酸钾可以加速其挥发；无菌室内应安装波长 253.7 nm 的 30 W 紫外灯，在分离前照射 20～30 min 可杀死室内空气中的大多数细菌。但工作人员应注意不宜在紫外灯下操作，以免伤害身体；也可使用超净工作台，分离前可不必对其灭菌，使用较方便。

无论哪种场所进行病菌的分离，在工作前都应将所需物品放好，以免临时取物带来杂菌；工作人员也要注意自身清洁，工作前用肥皂洗手，分离前还要用 70% 酒精擦拭双手；工作过程中，应尽量少说话，呼吸要轻。

2. 分离步骤及方法

（1）分离材料的选择

选择新近发病的植株、组织或器官作为分离材料，可以减少腐生菌污染的机会。腐生菌多滋生在发病时间较长的枯死或腐败组织上，因此叶斑病害应取病健交界处进行分离，果实腐烂病害应从刚刚开始腐烂的部位进行分离，根腐病害应尽可能从离地面较远的部位进行分离。

（2）组织的表面消毒

分离材料表面经常带有腐生菌等杂菌，在分离病原菌时，应当用适当的消毒剂清除表面的腐生菌，以便得到病原菌的纯培养。

常用的表面消毒剂是 0.1%升汞。升汞可先配成母液。方法是：升汞 20 g，加浓盐酸 100 mL，使用时取 5 mL 原液加 995 mL 水即成；也可用升汞 1 g，盐酸 2.5 mL，水 1000 mL，先将升汞溶于盐酸中，再加水稀释即成。因升汞剧毒，通常在配制好的溶液中加入红色或蓝色的颜料，以引起注意；用升汞对分离材料进行表面消毒的时间，因材料的不同而有所差别，处理的时间可自 30 s～30 min 不等，但一般是 3～5 min。

经过升汞消毒的病组织，在移入斜面前，必须用无菌水洗去残留的消毒剂，否则会影响病菌的生长。一般是用无菌水洗 3～4 次，每次 3 min。无菌水与蒸馏水不同，其制法是将三角瓶或试管等盛蒸馏水，加水量与培养基量相同，之后加棉塞灭菌即可，灭菌法与培养基同。另外，用无菌水清洗后的材料移入培养基前，所有操作所用的镊子、接种环等物品，均应经酒精火焰灭菌。

（3）分离方法

①组织分离法　这种方法应用最普遍，常用于叶、茎病斑组织内病菌的分离。取真菌性叶斑病的新鲜病叶，选择典型病斑，用剪刀剪取病健交界处的组织（边长 4～5 mm）数块；将病组织放入 70%酒精中浸 3～5 s 后，将病组织在 0.1%升汞液中消毒 1 min，然后在无菌水中连续漂洗 3 次，除去表面残留的消毒剂；按无菌操作规程将病组织移入平板培养基表面上，一般每皿放 4～5 块，并用玻璃铅笔注明培养材料的编号

和种类；将平板培养基翻转后放入恒温箱内，在 25 °C 下培养 3 ~ 4 d 后，将分离的目的菌在无菌条件下移入斜面培养基上，淘汰杂菌。

对于块茎、根、茎或果实等较大组织内的病菌，可先在其表面涂抹酒精进行火焰灭菌，再用灭菌刀将病健交界组织分割成小块，移入斜面中。

若发病的组织较幼嫩，使用表面消毒剂时可能会杀死其中的病原菌，消毒时间应尽可能缩短，或者不用药剂消毒，而以无菌水冲洗 8 ~ 9 次后，按无菌操作法移入平板培养基上。

②稀释分离法　对细菌性病害，通常采用稀释分离法。方法是取灭菌培养皿 3 个，平放于湿毛巾上，用灭菌吸管移 1 mL 无菌水注入每个培养皿中，注明编号、分离日期、分离材料和操作者；取分离材料（边长 4 ~ 5 mm），经升汞消毒和无菌水冲洗 3 次后，移入第一个培养皿中，静置 10 ~ 15 min，使细菌释放到水中制成菌悬液；然后用灭菌的移植环从第一个培养皿中移 3 环到第二个培养皿中，充分混合后再移 3 环到第三个培养皿中；将熔化的牛肉膏蛋白胨培养基冷却至 45 °C 左右，分别倒入 3 个培养皿中，按顺时针方向晃动，使培养基与菌悬液混合均匀；待培养基凝固后，将培养皿翻转（将培养皿翻转的目的是避免冷凝水滴落在培养基上，造成污染），在 25 °C 恒温箱内培养；培养 3 ~ 5 d 后，观察菌落生长情况，将分离目的菌移入斜面培养，淘汰杂菌（参加图 2-4-1）。

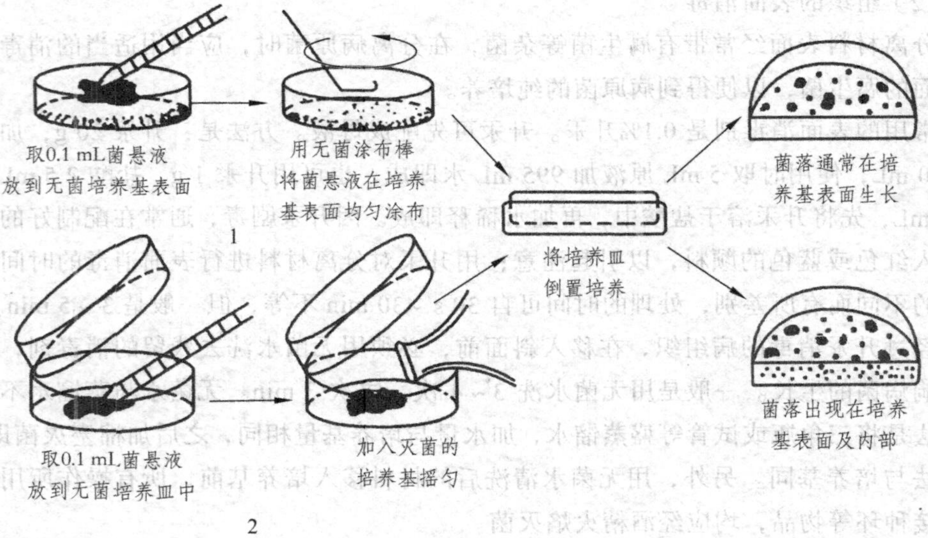

1—涂布平板法；2—倾注平板法

图 2-4-1　稀释平板分离法

病原细菌也常用画线分离法。方法是预先将牛肉膏蛋白胨培养基倒入培养皿内，待凝固成平板后待用；与稀释分离法中第一个培养皿相同的方法获得菌悬液；用灭菌的接种环蘸取菌悬液在培养基平板表面画线，注意不要把培养基表面划破，画过第一批线后在酒精火焰上灭菌，冷却后接第一批线的末端向另一方向画线，再次灭菌后再画第三批线。其他步骤同稀释分离法（参见图 2-4-2）。

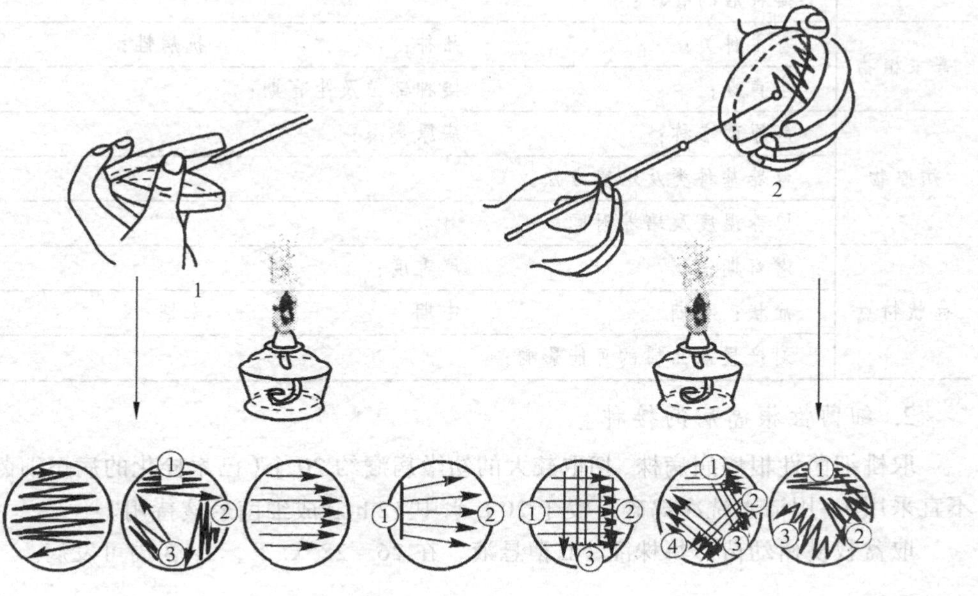

1—连续画线法；2—分区画线法

图 2-4-2　平板画线分离法

（四）病害的人工接种

病害的人工接种，是人为地使病原物与寄主植物的感病部位接触，并给予适宜发病的条件，以诱发病害。

人工接种方法是根据病害的侵染方式和侵入途径设计的。在接种前，要根据试验内容的不同，按计划做好准备工作。如鉴定抗病性，除待鉴定的品种外，还要选择合适的对照品种；进行药效测定时，应选择较易感病的品种，还要准备足够数量的具有致病力的病原菌；此外，进行人工接种要有适宜发病的环境条件。环境条件中主要是温度和湿度的保证，在室内可通过相应的设备进行调节，在田间接种主要应确保湿度条件。

在对病害进行人工接种时，应详细记载接种日期、地点、方法、寄主和病原菌的详细信息。接种后要定期进行观察，详细记载发病情况和病害症状特点等（表 2-4-1）。

1. 真菌性病害的接种

取苹果炭疽病或青霉病、近成熟的苹果果实，用酒精对果面进行消毒，然后用针将果皮刺伤，在伤口处滴加炭疽病菌或青霉菌的孢子悬浮液（病菌可从病果上或用 PDA 培养基培养后洗下），待孢子悬浮液晾干后，用无色透明塑料袋包好，保湿 24 ~ 48 h 即可。

表 2-4-1 植物病害人工接种记录卡

接种情况	接种日期：	接种地点：	接种方法：
	接种后的管理：		
寄主植物	寄主种类：	品种：	抗病性：
	生育期：	接种部位及生育期：	
病原物	病原菌名称：	病原形态：	
	培养基种类及培养方法：		
	培养温度及培养时间：		
症状特点	潜育期：	严重度：	
	症状：早期	中期	末期
	对产量或品质的可能影响：		

2. 细菌性根癌病的接种

取桃细菌性根癌病病株，切取较大的幼嫩病瘿约 20 个（已木栓化的病瘿细菌量少，不宜采用），用清水洗净捣碎，浸于 20 L 水中 12 h 制成细菌悬液待用。

取盆栽桃树幼苗，每株灌 1 L 菌悬液，在 26 ~ 28 °C 下，2 ~ 3 周可发病。

3. 病毒病害接种

如黄瓜花叶病毒病，取发病植株的病叶组织在研钵中研碎，加水 2 ~ 10 倍，用纱布滤去残渣，取病汁液加入少量金刚砂（400 ~ 600 目），或将金刚砂撒在接种的叶片表面，然后用小扁刷或毛笔蘸取汁液在黄瓜幼苗的叶片上来回轻轻摩擦，最后用清水将叶表多余的汁液和金刚砂洗去。

四、作 业

（1）选 1 ~ 2 种病害材料进行组织分离培养。

（2）选 1 ~ 2 种病害进行人工接种，逐日观察接种后病害的发生发展情况，并按病害接种记录卡详细记载结果。

实训 5 农药田间药效试验

一、目的要求

掌握农药田间试验的常用方法，为正确使用农药和防治园艺植物病虫害奠定基础。

二、材料和用具

仪器用具：喷壶、玻棒、胶皮手套、插地杆、记号牌、标签等。

实验材料：分别选取菜青虫和霜霉病为田间药效试验的对象，杀虫剂和杀菌剂可选取当地常用农药 3 ~ 4 个品种或剂型。

三、内容及方法

为确定农药的作用范围，以及在不同土壤、气候、作物和有害生物猖獗条件下的最佳使用浓度和使用量、最适的使用时间和施药技术，田间药效试验设计为小区试验。

（一）药效试验设计的基本要求

1. 试验地的选择

试验地应选择有代表性的肥力均匀、植物种植和管理水平一致、病虫害发生严重且危害程度比较均匀、地势平坦的地块，以使土壤差异减少至最小限度，对提高试验的精度和准确性有重要作用。

为保证人、畜安全和免受外来偶然因素的影响，试验地应选择远离房屋、道路、池塘的开阔农田。一般应距离高大树木 25 ~ 30 m 以外，以免影响试验地的日照和土壤水分的一致；附近 10 m 内不得有篱笆和围墙；距离建筑物 40 ~ 50 m 以上；距离河流、池塘 100 m 以上；若试验地设在公路和道路旁边，应有 5 ~ 10 m 的保护带。

此外，试验地如对其他病虫草害进行化学防治，所用药剂应为同一厂家的产品，药剂的种类、剂型、有效成分含量、使用剂量、加水量、喷洒工具都应一致。

2. 重复的设置

田间试验条件比较复杂，尽管在选择试验地时注意控制各种差异，但差异是不可避免的。如果试验各处理只设一个小区即一次重复，则同一处理只有一个数值，就无从比较误差。通过设置重复可降低试验误差，提高试验的精确度。通常情况下，试验误差的自由度应控制在 10 以上［自由度=（处理数-1）×（重复数-1）］，一般设 3 ~ 5 次重复，即设置 3 ~ 5 个小区。

小区的形状一般以狭长形的为好，一般长宽比为 3 ~ 10。正确重复小区的长边必须与土壤肥力梯度变化方向或虫口密度的变化方向平行。

小区的面积一般为 15 ~ 50 m²，果树每小区不小于 3 株。一般土壤肥力变化较大的、植物株高大、株行距较大的作物、活动性强的害虫，小区面积要大些；反之可小些。

3. 采用随机排列

为使各小区的土壤肥力差异、作物生长整齐度、病虫害危害程度等诸多偶然因素作用于每小区的机会均等，在每个小区即重复内设置的各种处理只有用随机排列才能反映实际误差。进行随机排列可用抽签法、查随机数字表或用函数计算器发生随机数等方法。

如 2 个农药品种的 2 种用药量（代号分别为 1.2.3.4），设空白对照（代号为 5），4 次重复试验的小区和区组的排列（图 2-5-1）。

1	3	4	1
3	1	2	5
2	5	3	2
4	4	1	4
5	2	5	3

图 2-5-1 随机区组的排列

4. 设立对照区和保护行

为进行药剂间的效果比较，必须设立对照区。对照区一般为不施药的空白对照区（一般以 CK 表示）。空白对照区可以反映自然状态下的病虫害发生和消长情况。通过试验小区和对照区效果的比较，可以明确试验药剂的效果。为避免各种外来因素和边际效应的影响，在试验地的周围还应设立保护行，保护行的宽度应在 1 m 以上。小区之间还应设置隔离行 2 ~ 3 行，这样即使在喷药时相邻小区的药液有轻微的飘移，也不会影响处理间的评价效果。水田中杀菌剂的药效试验，小区间还应筑小田埂隔离，以免药剂随水串流。

5. 药效试验的内容

选取当地当前针对菜青虫、霜霉病的农药品种 2 个，比较农药不同种类、不同剂型（或不同使用浓度）下的药效差异。每个处理的重复次数为 4 次，并设清水处理为空白对照（以 CK 表示），试验小区的设计参照图 2-5-1。

在药效试验时应保证农药配制浓度准确、施药均匀，所有处理尽快完成，最长不可超过 1 d。

（二）药效试验的取样及结果计算

1. 菜青虫

对菜青虫可采用“Z”字法 10 点取样，每个样方为 1 m 行长，调查每株内层叶至外层叶的各龄幼虫数，分别记载各药剂种类、剂型或施药浓度在施药前和施药后的幼虫数。计算 1 d、3 d、5 d、7 d、10 d 的防治效果。

$$\text{虫口减退率（\%）}=\frac{\text{防治前活虫数}-\text{防治后活虫数}}{\text{防治前活虫数}}\times 100$$

当施药后对照区和防治区的虫口比施药前都增加时（这种情况在防治蚜、螨等增殖速度很快的虫螨时可能会遇到）：

$$\text{校正防治效果（\%）}=\left[1-\frac{\text{防治区用药后活虫数}\times\text{对照区用药前活虫数}}{\text{防治区用药前活虫数}\times\text{对照区用药后活虫数}}\right]\times 100$$

2. 霜霉病

采用对角线法 5 点取样，每个样方为 1 m 行长，分别记载各药剂种类、剂型或施药浓度，在施药前和施药后的发病程度并计算病情指数。病情指数可参考综合实训四中公式进行计算。再计算 3 d、5 d、10 d、15 d 的相对防治效果。

3. 药　害

施用农药由于环境条件的变化，或者药剂本身浓度过高，超过了寄主的承受限度，植物有时会出现药害，根据杀虫剂、杀菌剂的药害分级标准（表 2-5-1）正确记载药害程度，对正确地使用农药有重要意义。

表 2-5-1　杀虫剂和杀菌剂对作物的药害分级标准

分级	叶面被害率%	分级	果面被害率%
1. 无危害	0<6.0%	1. 无危害	无锈斑
2. 轻度	6.3%～12.5%	2. 轻度	有 10%以下锈斑
3. 中度	12.6%～25.0%	3. 中度	有 11%～30%的锈斑
4. 严重	25.1%～50.0%	4. 严重	有 30%以上的锈斑
5. 很严重	>50.0%		

（三）试验报告基本要求

试验报告应包括以下内容：① 试验名称；② 试验单位；③ 试验目的；④ 试验地点；⑤ 试验材料（包括供试农药名称、剂型、生产厂家；供试植物种类、品种、生育期）；⑥ 试验方法，试验设计（处理浓度、空白对照、小区面积、排列方式、重复次数），施药方法[施药工具型号、施药时间、施药方式（喷雾等）、施药量（kg/hm^2）]，施药条件（施药时的温度等气候条件）；⑦ 试验结果，包括防治效果、药害等情况；⑧ 小结与讨论，对供试农药做出总体评价，提出相应的用药技术。

四、作　业

根据药效试验结果写一份药效试验报告。

实训 6　园艺植物病虫害综合防治历的制订

一、目的要求

熟悉园艺植物病虫害发生发展规律及各种综合防治方法，能根据气候条件、栽培方式、主要病虫害发生趋势等制订病虫害综合防治历。

二、材　料

园艺植物生产基本情况，如品种特点（抗病虫性等）、前茬作物、环境条件、土壤肥力、施肥水平、灌溉条件和田间管理等；园艺植物主要病虫害发生的基本情况。

三、内容及方法

1. 制订综合防治历的依据和原则

以当地气候条件、栽培方式和近年来病虫害的发生记录为依据，与其他栽培管理措施相结合，尽量保护和加强自然控制因素，强调多种防治方法的有机协调，优先选用生物防治与农业防治措施，有效控制病虫危害。要全面考虑经济社会和生态效益及技术上的可行性。

2. 制订综合防治历的步骤

（1）确定病虫害及需要保护利用的天敌，了解田间生物群落的组成结构、病虫种类及数量，确定主要病虫害和次要病虫害及需要保护利用的重要天敌类群。

（2）确定防治病虫的适期　分析自然因素、耕作制度、作物布局和生态环境等控制病虫的作用，明确病虫数量变动规律和防治适期。

（3）组建防治病虫的技术体系　协调运用各种防治措施，组建压低关键性病虫平衡位置的技术体系。选择的防治措施应符合“安全、有效、经济、简易”的原则。

3. 制订综合防治历的内容和要求

（1）标题　根据当地病虫害的发生情况，以解决生产实际问题为目标，选择一种园艺植物为对象，如制订“梨树主要病虫害（无公害）综合防治历”“××地区主要园林病虫害综合防治月历”，或一种主要病虫害为对象，如制订“葡萄霜霉病综合防治历”。

（2）前言　概述本防治历制订依据和原则、相关病虫害的发生情况及发展趋势。

（3）正文　从实际出发，统筹整合各种防治措施，制订全年各时期的病虫害防治计划和具体要求。

四、作　业

根据当地实际情况，制订一份园艺植物病虫害防治综合历（参见附件 1 ~ 3）。

附件 1　蔬菜类病虫害简易防治历

叶菜类病虫害防治历

	苗期	莲座期	结球期	后期
病害	病毒病、根肿病、猝倒病	霜霉病、病毒病、白粉病、细菌性角斑病	软腐病、霜霉病、干烧心、白粉病、细菌性角斑病	软腐病、黑斑病、黑腐病、炭疽病
虫害	蚜虫、小菜蛾、蛴螬、蟋蟀	黄曲条跳甲、斜纹夜蛾、小菜蛾、菜青虫	菜青虫、蚜虫、斜纹夜蛾	菜青虫、蚜虫、斜纹夜蛾

番茄类病虫害防治历

	育苗—定植	定植—初花期	结果期（秋）	结果期（冬）	结果期（春）
病害	立枯病、猝倒病、早疫病、晚疫病、病毒病、根结线虫病	灰霉病、叶霉病	疫霉病、根腐病、灰霉病、早疫病	灰霉病、叶霉病、晚疫病、炭疽病、根腐病	灰霉病、晚疫病
虫害	地下害虫、白粉虱	白粉虱、棉铃虫	白粉虱、棉铃虫	白粉虱	白粉虱、棉铃虫

瓜类病虫害防治历

	苗期	定植期	伸蔓期	结瓜初期	结瓜盛期	结瓜中后期
病害	猝倒病、沤根、炭疽病、疫病	根腐病、枯蔓病、疫病	霜霉病、疫病、炭疽病、角斑病	霜霉病、疫病、炭疽病、角斑病、灰霉病、病毒病、枯萎病	霜霉病、炭疽病、叶斑病、白粉病、角斑病、枯萎病	炭疽病、叶斑病、蔓枯病、角斑病、霜霉病
虫害	地老虎、蛴螬	蚜虫、地老虎、蛴螬、根结线虫	斑潜蝇、白粉虱	蓟马、蚜虫、白粉虱、红蜘蛛	斜纹夜蛾、白粉虱、红蜘蛛	斜纹夜蛾、白粉虱

附件 2 果树（梨树）各生育期病虫害综合防治历

物候期	重点防治对象	其他防治对象	防治方法
休眠期	腐烂病、蚧壳虫	食心虫、蚜虫、蛹、梨木虱、轮纹病、黑星病等	刮树皮、清扫枝叶，药剂涂刷树干
萌芽期	腐烂病、蚧壳虫	食心虫、梨木凤、蚜虫、梨星毛虫、褐斑病等	喷施杀虫剂、杀菌剂等，刮治腐烂病
花期	花腐病	生理落花	喷洒植物激素、叶面肥
落花期	梨黑星病、梨木虱、蚧壳虫	梨星毛虫、梨尺蛾、梨茎蜂、蚜虫、黑斑病、轮纹病、杂草	喷洒杀虫剂、杀菌剂、除草剂、植物激素、微肥
果实膨大期	梨黑星病、红蜘蛛、梨大食心虫、黑斑病	梨果象甲、梨木虱、蚧壳虫、茶翅蝽、轮纹病、炭疽病、杂草	喷洒杀虫剂、杀菌剂、杀螨剂、除草剂
果实成熟期	梨黑星病、食心虫、轮纹病	梨木虱、蚧壳虫、梨网蝽、炭疽病等	使用杀虫剂、杀菌剂
营养恢复期	腐烂病	梨木虱、蚧壳虫、轮纹病等	清除病叶、病果，使用保护性杀菌剂、杀虫剂

附件 3　西南地区常见园林植物病虫害防治月历

月份（阳历）	病虫种类	形态及危害症状	危害植物	防治方法
2月	流胶病（2、3、4月）	受害植物的主干、主枝和小枝均可流胶，流出的树胶与空气接触后变为红褐色的坚硬胶块，流胶过多会削弱树势，严重时造成死枝、死树	紫叶李、桃类、紫叶稠李、海棠类、常绿树等	1. 萌芽前喷施 3°～5°的波美石硫合剂 2. 在3、5、10月下旬分别对树干进行涂白
	草履蚧	成虫雌虫无翅，体长 10 mm 左右，扁平椭圆形似草鞋状，背面灰褐色，腹面赤褐色，被有白色蜡粉。若虫2月出土，2月中旬达高峰期，3月上旬结束，多在中午前后温度高时活动，沿树干爬到嫩枝，幼芽吸食汁液。一般以阴面为多，5月中旬钻入树下周围 5～7 cm 土缝内危害	紫叶李、桃类、紫叶稠李、海棠类、杨树、柳树、槐树、榆树、白蜡、柿树、枣树等	1. 于5月上旬喷施专用杀蚧药 2. 喷施灭幼脲 1 号药剂进行淋湿或打湿虫体方能将虫体杀死
3月	天幕毛虫	冬蛹以茧的形式悬挂于树枝上，呈棕灰色或灰色，长 3～4 cm。到4月份冬蛹开始羽化，成虫为白色蛾子，雄蛾翅上有青色斑点。到5月中下旬孵化，幼虫结网危害，取食叶肉，留叶脉成透明状。直至9月份均有危害	白蜡、臭椿、金银木、槐树、桃类、苹果、桑树等	1. 以蛹的形式存在时，摘除虫蛹并销毁 2. 以成虫形式存在时，交替喷施广谱性杀虫剂如氧化乐果、甲胺磷、敌敌畏等
	槐潜叶蛾	蛹虫黄白色、蛹两侧各生出2根丝带覆着叶背，树皮上危害，老树幼虫吐丝下垂，造成叶片焦叶，干枯。5月中旬幼虫孵化，钻入叶肉取食，受害部位处为稍弯曲、潜道，后呈灰褐色斑块	槐树、龙爪槐、紫叶李、桃类等。	1. 以蛹虫的形式存在时，刷除树干处虫蛹并集中销毁 2. 5 月份喷施 20%菊杀乳油 2000 倍液防治

续表

月份（阳历）	病虫种类	形态及危害症状	危害植物	防治方法
3月	桑褶翅尺蠖（3、4月）	成虫灰色，停落时两翅褶起向后翘起。于4月上旬以幼虫孵化啃食嫩叶、嫩尖危害	槐树、白蜡、金银木、海棠、毛白杨、月季、栾树、榆树、白三叶等	1. 于冬季捕捉毛虫 2. 4月份于三龄前喷施500倍20%灭幼脲1号，于三龄后喷施2000~3000倍菊酯类药剂
	草履蚧	若虫长圆形、褐色或灰色，呈鞋状吸食内枝、树芽汁液（3月上旬结束）	杨树、刺槐、桃类、海棠、柿树、苹果、玉兰、紫叶稠李、紫叶李等	1. 月初在树干下部30~50 mm分别缠绕一圈5~6 cm胶带、在胶带上均匀涂抹一层粘虫胶 2. 在树干上喷施菊酯类杀虫剂1500~2000倍混合液，每隔10~15 d喷施一次，连续2~3次
	腐烂病	中旬树皮上出现黄褐色水渍状病斑、呈圆形、后扩展成梭形，中央稍凹陷，树皮变软，用手轻轻一按流出红褐色液体	栾树、槐树、火炬树、桃类、杨树、柳树、苹果、梨树、白皮松等	1. 将病斑刮除后抹3°~5°石硫合剂 2. 在病斑处用刀刮至韧皮部，涂抹果腐康原液 3. 波尔多液与40%多菌灵交替使用，每15~20 d喷一次
4月	美国白蛾	腹部背面白色，前足基节、腿节为橙黄色，胫节和跗节内内侧白色、外侧黑色，此阶段为成虫阶段	元宝槭、法国梧桐、桑树、榆树、杨树、李属、梨属、臭椿、香椿、山楂、白蜡、丁香等	1. 黑光灯进行进行诱杀成虫 2. 喷施灭幼脲1号2500~3000倍液 3. 菊酯类药剂2000~2500倍液
	红蜘蛛	成螨危害嫩叶、嫩尖，被害叶片有黄色斑点，严重时叶片失绿（常常3月底开始发生，4月初危害）	桧柏、海棠类、碧桃、苹果、樱花等花灌木、果木	1. 杀螨类药物均可使用 2. 干旱时5.1之前打一遍药
	蚜虫	被害叶片反卷，分泌蜜露，叶片发亮较粘	海棠类、桃类、木槿、槐树、柳树、苹果、梨树	40%氧化乐果1500倍、吡虫啉2500~3000倍液、烟茶碱1000倍液、5%蚜虫一遍净1500~2000倍液交替使用

续表

月份（阳历）	病虫种类	形态及危害症状	危害植物	防治方法
4月	天幕毛虫	冬蛹开始羽化，成虫为中型，白色蛾子，雄蛾翅上有青色斑点	参考3月份危害植物	广谱性杀虫剂交替使用
	光肩星天牛	幼虫蛀干危害植物，蛀孔外有粪便和木屑，虫体为乳白色（在洋槐开花时注意及时防治）	柳树、榆树、刺槐、白蜡等	1. 用果树灌注液堵住蛀孔 2. 在蛀孔内注射50倍40%氧化乐果乳油或敌敌畏，后用湿泥或棉花团封堵虫孔
	腐烂病	树干组织变软，陆续出现颗粒状物，并有橘黄色丝状物溢出	海棠花、海棠类、桃树、杨树、松树等	1. 锯出病枝、刮除病斑，涂刷842康复剂 2. 未发病的植株，尤其是幼树可喷施500倍液百菌清、退菌特预防
	锈病	被害部位嫩叶皱缩，加厚反转，表面密布黄色病斑，潮湿叶病斑上长1~2 cm的孢子丝（灰黑色）	杨树、海棠类、月季、蔷薇等	1. 喷施75%三唑酮乳油 2. 喷施20%粉锈宁乳油100倍液
	松针落叶病	发生在2年生针叶植物上，初期针叶中部出现褐色小点，后期针叶枯黄脱落	油松、华山松、白皮松、雪松等	1. 清除枯枝病叶并及时烧毁 2. 加强栽培管理，合理栽植 3. 孢子期发散喷施75%百菌清或50%退菌特800倍液，每7~10 d喷一次
	吉丁虫	成虫为棕灰色，体长约4 mm，有蛀干危害，体稍绿色，有金属光泽，头顶平直	合欢、栾树、槐树、碧桃、白蜡、法桐等	1. 树干涂抹或喷施40%氧化乐果500~600倍液与菊酯类1500~2000倍液 2. 沿根部深挖15~20 cm环状沟，撒施地虫清15~20 g，埋土后浇水，要浇足浇透
	柏肤小蠹、草履蚧	同3月份	同3月份	同3月份

续表

月份（阳历）	病虫种类	形态及危害症状	危害植物	防治方法
5月	美国白蛾	同4月份	同4月份	同4月份
	炭疽病	危害新梢和果实，新梢染病最初表面产生黑色圆形小斑点后扩大长成椭圆形，中部凹陷并出现褐色纵裂	常绿树、卫矛、女贞、柿树等	1. 在雨季及时清除枯枝烂叶，保持通风 2. 发病初期喷施炭疽福美，7～10 d喷一次，连续2～3次 3. 喷施 25%甲基硫菌灵硫黄悬浮剂800倍液
	槐潜叶蛾	5月中旬幼虫孵化，钻入叶肉内取食，受害部位初为稍弯曲潜道，后呈灰褐色斑块	槐树、龙爪槐、紫叶李、桃类等	1. 5月份喷施 20%钻心虫清 2000倍液 2. 交替使用广谱性杀虫剂
	红蜘蛛	同4月份	同4月份	同4月份
	国槐尺蠖	上旬成虫羽化，产卵，中旬幼虫开始危害，被害叶片残缺不全，严重者叶片被吃光	国槐、龙爪槐、刺槐等	广谱性杀虫剂交替使用
	杨柳毒蛾	幼虫夜间上树取食，将树叶咬成孔洞或缺刻，严重时仅剩叶柄，清晨潜伏在树皮裂缝树洞或杂草中，体长50 mm，体各节有瘤状突起，上蔟生黄白色长毛	毛白杨、柳树、樱花、榆叶梅、紫叶李、丁香	1. 使用菊酯类药剂 2. 使用灭幼脲1号胶悬剂
	白粉病	危害叶片、叶柄、嫩梢及花蕾，发病时叶上生褪绿黄斑，逐渐扩大。边缘不明显，嫩叶正反面产生白色粉斑，后期成淡灰色，有时叶片呈紫红色，导致叶皱缩畸形	月季、蔷薇、木槿、紫薇、卫矛、海棠类、荷兰菊等	广谱性杀菌剂交替使用
	灰斑病	病斑多散生在叶缘处，暗褐色中间呈灰褐色，边缘紫红色，湿度大时叶片正反面均产生黑色霉层	月季、蔷薇、毛白杨等	同白粉病

续表

月份（阳历）	病虫种类	形态及危害症状	危害植物	防治方法
5月	褐斑病	初期叶片出现小病斑，中央浅褐色，边缘颜色深上有小霉点，病斑严重时多个愈合成大斑	丁香、大叶黄杨、石榴、紫薇等	同白粉病
	叶枯病	发生于当年生针叶及绿色嫩梢上，初期针叶上由深绿色变为黄绿，后变成枯黄色，引起针叶早落	圆柏、侧柏、龙柏、鸢尾、玉兰等	同白粉病
	紫薇绒蚧	若虫紫红色，体表被有蜡粉，固定在枝干缝隙处、芽腋处吮吸危害，可诱发霉污病	紫薇、石榴、女贞、三角枫、桑树等	1. 及时刮除虫体 2. 越冬期间喷施蚧螨灵乳油 150 倍液
	蚜虫	被害叶片反卷，分泌蜜露，叶片发亮较粘	海棠类、桃类、木槿、槐树、柳树、苹果、梨树	同上月份
	天幕毛虫	冬蛹开始羽化，成虫为中型，白色蛾子，雄蛾翅上有青色斑点	参考3月份危害植物	广谱性杀虫剂交替使用
	臭椿沟眶象	成虫黑色、前胸背板和鞘翅尚密布粗大刻点；幼虫白色，啃食叶片皮层，蛀孔为圆形，被害处常外溢红色液体	千头椿、臭椿等	1. 及时拔除受害严重植株，人工捕捉成虫 2. 向树洞内注射果树宝等内吸性药剂，用塑料薄膜缠干一周
	草履蚧、锈病	参考4月份	参考4月份	参考4月份
6月	樱花穿孔性褐斑病	被害叶片初期为紫褐色小点，后逐渐扩大成圆形，病斑部位干燥收缩后成为小孔，病菌多在病枝、病叶上过冬	海棠类、桃树、杏树、梨树、李属、槐树、珍珠梅、榆叶梅、樱花	1. 合理修剪，及时清除病叶并烧毁 2. 发病前期喷洒 160 倍波尔多液或15%代森锰锌 600～800 倍液
	槐坚蚧	幼虫危害，虫体尚未分泌蜡质，分布于干支干活叶背处	白蜡、刺槐、槐树、法桐等	喷施 20%蚧螨灵 100～150 倍液、螨蚧克 2500～3000 倍液、40%速扑杀乳油 1000～2000 倍液交替使用
	煤污病	叶片上初生灰黑色至炭黑色污菌菌落，分布在叶片局部或叶脉附近，严重时覆满叶片，一般都生在叶面，严重时叶片枯黄脱落	石榴、丁香、紫薇、榆叶梅等	蚜虫多发期喷施 10%吡虫啉 1000～2000 倍液或 25%扑虱灵可湿性粉剂 1000 倍液

续表

月份（阳历）	病虫种类	形态及危害症状	危害植物	防治方法
6月	黏虫	幼虫虫体灰绿色，白色纵线明显，头部有明显网状纹，被蚕食的叶片边缘呈锯齿状	禾本科植物、白三叶、樱花等	参考5月份尺蠖防治方法
6月	黄刺蛾	幼虫黄色，体背有枝刺，取食叶片下表及叶肉，蚕食上表皮，形成天窗	枣、榆树、月季、海棠类、珍珠梅等	参考桑褶翅尺蠖的防治
6月	光肩星天牛	成虫虫体漆黑，有光泽，触角鞭状，被害叶片呈弧形残缺，嫩枝树皮破损	杨树、柳树、海棠类、榆树、法桐	参考4月份天牛防治方法
6月	国槐尺蠖、美国白蛾蛾、白粉病、锈病、褐斑病、腐烂病、紫薇绒蚧、松针落叶病等参考4、5月份			
6月	黑斑病	叶片病斑褐色至黑色，为放射性斑块，散生黑点，病斑周围叶片组织变黄，严重时叶片全部脱落	丰花月季、野蔷薇、丁香等	1. 及时清除枯枝，创造良好的通风条件 2. 绿得宝300~500倍液、甲基托布津800~1000倍液与50%多菌灵500~600倍液交替使用
7月	红蜘蛛	幼螨黄色或红色，叶背取食汁液，被害叶片出现小黑点，严重时黄化脱落	海棠类、柳树、山里红、红叶李、月季、柏类、樱花	参考4月份红蜘蛛的防治方法
7月	天幕毛虫	虫龄不齐，幼虫结网危害，部分破网危害，取食叶片	杨树、柳树等	参考3月份防治方法
7月	棉铃虫	蛀食花蕾和花瓣	月季、蔷薇等	1. 剪除有虫花蕾 2. 喷施广谱性杀虫剂
7月	黄杨绢野螟	幼虫吐丝连接周围叶片、嫩枝做临时巢穴，然后在其中取食，严重时将叶片吃光，造成苗木死亡	大叶黄杨	1. 人工捕杀、结合修剪及时摘除虫苞，集中销毁 2. 危害期喷施灭幼脲1号
7月	煤污病	叶片及嫩枝表面布满黑色烟煤状物，枝叶景观效果差	蔷薇、桃、柳、杨树、海棠类、木槿、大叶黄杨、紫薇等	1. 剪除蚜虫、蚧虫枝 2. 使用广谱性杀虫剂
7月	柳毒蛾、光肩星天牛、黄刺蛾、锈病、腐烂病、美国白蛾、黑斑病等参考3、4、5、6月份			

续表

月份（阳历）	病虫种类	形态及危害症状	危害植物	防治方法
8月	大蓑蛾	初孵化幼虫从护囊中爬出来，吐丝下垂成小护囊，负囊行走，被害叶片呈圆孔状	月季、海棠类、金银木、法桐、泡桐、苹果等	1. 人工剪除袋囊 2. 参考5月份尺蠖的防治方法
	光肩星天牛	幼虫白色圆桶装，蛀孔外有粪便和木屑	杨树、柳树、榆树、海棠类、苹果等	参考4月份天牛的防治方法
	锈病	危害叶片，病斑近圆形。初呈黄绿色后中部为枯黄色，外围有以黄色环纹，后期也背丛生浅黄色丝状物	海棠类、苹果、草坪灯	参考4月份锈病的防治方法
	红蜘蛛、蚜虫、国槐尺蠖、黄刺蛾、棉铃虫、黏虫、白粉病、腐烂病、松针落叶病、穿孔病、美国白蛾等参考以上月份			
9月	腐烂病	同3月份	毛白杨	参考3月份防治方法
	穿孔病	同6月份	樱花、紫叶李、桃类	参考6月份防治方法
	炭疽病	同7月份	大叶黄杨	参考7月份防治方法
	天幕毛虫	四种虫态同时存在，上旬以蛹、成虫为主，中旬出现网幕	杨树、柳树等	参考4月份防治方法
	继续防治黏虫、蛴螬、红蜘蛛、蚜虫天牛类、锈病、美国白蛾（三代幼虫发生）参考3、4、5、6月份			
10月	槐坚蚧	若虫体背蜡质较少，开始由叶片向枝条上迁移	白蜡、刺槐、法桐、珍珠梅等	1. 喷施20%蚧螨灵100～150倍液 2. 螨蚧克2500～3000倍液 3. 40%速扑杀乳油1000～2000倍液
	蚜虫	于本月开始越冬，转入寄生	参考4月份	参考4月份蚜虫的防治方法

参考文献

[1] 候明生，黄俊斌．农业植物病理学[M]．北京：科学出版社，2006.
[2] 赖传雅．农业植物病理学[M]．北京：科学出版社，2003.
[3] 李怀方，刘凤权，郭小密．园艺植物病理学[M]．北京：中国农业大学出版社，2001.
[4] 张格成．果园农药使用指南[M]．北京：金盾出版社，1993.
[5] 蔡平，祝树德．园林植物昆虫学[M]．北京：中国农业出版社，2003.
[6] 方中达．植病研究方法[M]．3版．北京：中国农业出版社，1998.
[7] 费显伟．园艺植物病虫害防治[M]．北京：高等教育出版社，2010.
[8] 费显伟．园艺植物病虫害防治实训[M]．北京：高等教育出版社，2005.
[9] 李本鑫，李静．园艺植物病虫害防治[M]．北京：机械工业出版社，2013.
[10] 吕玉奎．200种常见园林植物病虫害防治技术[M]．北京：化学工业出版社，2016.
[11] 王润珍，王丽君，候慧锋．园艺植物病虫害防治[M]．北京：化学工业出版社，2012.
[12] 吴雪芬．园艺植物病虫害防治技术[M]．苏州：苏州大学出版社，2009.
[13] 许志刚，等．普通植物病理学[M]．北京：中国农业出版社，1997.
[14] 浙江农业大学．农业昆虫学（上下册）[M]．2版．北京：中国农业出版社，1981.
[15] 中国农业科学院植物保护研究所，中国植物保护学会．中国农作物病虫害[M]．3版．北京：中国农业出版社，2015.

附　　录

附录 A　常见杀菌剂种类及其应用（广谱性杀菌剂）
附录 B　常用杀虫剂种类及其应用
附录 C　西南地区主要园艺害虫编目与危害
附录 D　园艺植物病原真菌检索表
附录 E　西南地区园艺植物常见病虫害图谱

附录 A　常见杀菌剂种类及其应用（广谱性杀菌剂）

1. 保护性杀菌剂

化学结构分类	主要品种	商品名称及特点	作用特点	注意事项
无机硫类	硫黄		对白粉病、锈病以及螨类和介壳虫防效好	1. 易燃物，慎重保存、运输 2. 国内登记的有硫黄粉、悬浮剂、水分散粒剂等 3. 瓜类、豆类对之敏感，慎用，高温时不宜使用
	石硫合剂	生石灰 1 份：硫黄 2 份，水 20 份	在植物越冬或春季萌芽前作为铲除剂喷洒消灭虫螨和病菌 对白粉病、锈病、果树腐烂病高效，但对霜霉病效果差	1. 温度越高，石硫合剂的使用浓度应该越低，高温条件下不宜使用 2. 含锰锌、铜等金属离子的药剂不能和石硫合剂混合使用，使用间隔期也不宜过短 3. 不易和多数农药混用；应在密闭容器中避光保存
有机硫类	代森锌	多为蓝色可湿性粉剂	对早疫病、霜霉病、绵疫病等有效，对白粉病防效差	葫芦科植物对锌敏感，使用时注意控制剂量
	代森联	品润	对多种植物上的早疫病、晚疫病、霜霉病、炭疽病、斑点落叶病等高效	1. 储藏时避免高温分解 2. 避免和铜制剂及碱性药剂混合使用
	代森锰锌	大生，经典的保护性杀菌剂	对多种植物上的多种病害有效	1. 市场上有普通代森锰锌和络合态代森锰锌两类，后者药效更好，对植物更安全 2. 对铜制剂敏感，混用，使用安全间隔期一周以上 3. 高温时慎用
	丙森锌	安泰生，保护性杀菌剂	对多种植物上的早疫病、晚疫病、炭疽病、霜霉病等有效	不能和含铜的药剂混合使用并注意使用间隔期

续表

化学结构分类	主要品种	商品名称及特点	作用特点	注意事项
有机硫类	福美双	秋兰姆，经典的土壤处理剂	种子处理、土壤处理、喷雾，可以防治多种植物的立枯病、根腐病、黑穗病、早疫病、霜霉病等	1. 对黏膜和皮肤有刺激，注意安全使用 2. 对铜制剂敏感
	敌克松	敌磺钠，经典的土壤处理剂	对多种植物的立枯病、猝倒病、根腐病等有效	1. 高温易燃并放出有毒气体 2. 光照易分解，故应在阴天或傍晚使用 3. 可经口腔、皮肤、呼吸道中毒
	克菌丹	盖普丹	对多种植物上的真菌性病害有效。对葡萄有一定着色效果	1. 对红提葡萄有药害风险，慎用 2. 对皮肤有刺激
无机铜类	硫酸铜	蓝矾，多为五水合硫酸铜	可以直接配制成药液杀菌，但大多作为波尔多液的配制原料。对多种植物上的各种细菌、真菌病害有效	1. 其水溶液呈酸性 2. 晶体颜色和其含水量相关。干燥的硫酸铜往往呈泛白的蓝色，潮湿的硫酸铜则成深蓝色
	氢氧化铜	可杀得	一般用于果树、蔬菜上防治霜霉病、角斑病、白粉病等真菌或细菌性病害	1. 高湿或有水珠时禁用 2. 桃树、李、梨、白菜、柿子等植物对铜离子敏感，慎用 3. 植物花期禁用，幼果期慎用 4. 在植物病害发生之前或初发期使用 5. 不能与石硫合剂、松脂合剂、矿物油乳剂、多菌灵、托布津等药剂混用。不能与强碱性农药混用
	碱式氯化铜	氧氯化铜、王铜，药害较小	马铃薯、花生、向日葵等植物上具有刺激生长、增产的效果。对霜霉病、黑星病、褐斑病等病害有效	
	碱式硫酸铜（铜高尚）		对梨树黑星病防效较好	
	硫酸铜钙	多宁，兼补充铜、钙营养	对多种真菌性和细菌性病害有防效，可以和大多数药剂混用，不易诱发螨类	
	波尔多液	经典杀菌剂	对马铃薯晚疫病、葡萄霜霉病、黑痘病和炭疽病、梨树黑星病等病害有很好的预防效果	1. 不同植物石灰和硫酸铜的配制比例不同，分石灰半量式、石灰等量式、石灰倍量式等 2. 和其他铜制剂注意事项相同 3. 近年上市的商品化制剂安全性、混配性更好

续表

化学结构分类	主要品种	商品名称及特点	作用特点	注意事项
有机铜类	琥胶肥酸铜	DT	防治甘蓝根肿病、白菜软腐病、番茄溃疡病、马铃薯环腐病、黄瓜角斑病等细菌性病害为主，兼治番茄早疫病、马铃薯早疫病等真菌性病害	1. 可以和大多数药剂混合使用 2. 高湿或有水珠时慎用 3. 大多为保护性杀菌剂，应在病害发生前或发生初使用 4. 使用前仔细阅读产品说明
	噻菌铜	龙克菌	主要防治多种植物上的细菌性病害	
	壬菌铜		对多种植物上的真菌性、细菌性病害有防效，对病毒性病害也有抑制作用	
	喹啉酮	必绿	对多种植物上的真菌性病害和细菌性病害有效	
	络氨铜			
	乙酸铜	醋酸铜	对真菌、细菌、病毒和类菌原体引起的病害有效	
	噻森铜		对多种细菌性病害有防效	
	松脂酸铜		对多种真菌、细菌引起的病害有预防和治疗作用	
取代苯类	五氯硝基苯	经典性土壤处理剂	土壤处理、拌种，对多种植物的土传性病害、马铃薯疮痂病、蔬菜菌核病等有效	1. 用作土壤处理时，遇重黏土壤，要适当增加药量，以保证药效 2. 西红柿、葱头、莴苣对之敏感，慎用
	百菌清	达克宁	以喷施为主，对多种植物的疫病、白粉病、霜霉病等有效	1. 梨、柿、桃、梅等对百菌清敏感，慎用 2. 对鱼有毒 3. 对皮肤和眼睛有刺激

2. 内吸治疗性杀菌剂

化学结构分类	主要品种	商品名及特性	主要特点	注意事项
苯并咪唑类	多菌灵	苯并咪唑44号	拌种、土壤处理、喷雾、灌根等方式，防治多种植物上的枯萎病、白粉病、黑斑病、早疫病、菌核病、黑粉病、黑星病等病害	1. 因在我国使用时间长用量大，多种病害已经对其产生抗药性，建议该药和其他药剂混配或交替使用 2. 大剂量长期使用，研究发现该药有致癌风险，慎用 3. 因其向顶传导特性，使用时应予以注意和利用 4. 不能和碱性、铜制剂混用 5. 两者间有交互抗性
	甲基硫菌灵	甲基托布津、甲托	同上。主要用于防治子囊菌、担子菌和半知菌引起的病害	
苯吡咯类	咯菌腈	适乐时，常用的种子包衣剂	种子处理防治由镰孢菌、丝核菌、腥黑粉菌、长蠕孢菌、壳针孢菌引起的病害；喷雾、灌根、蘸花防治灰霉病。对子囊菌和担子菌引起的病害高效	1. 按其防治谱使用 2. 为防止抗药性的产生，不要长期大剂量单一使用
β-甲氧基丙烯酸酯类（嗜球伞果素类）	嘧菌酯	阿米西达	对所有的真菌性病害有效。预防和防治多种植物上的霜霉病、炭疽病、白粉病、疫病、立枯病等。	1. 提前施药预防为主 2. 和其他药剂交替或混配用，避免长期单一大剂量使用 3. 番茄等部分植物苗期对嘧菌酯敏感，慎用 4. 和乳油制剂混配时容易产生药害，慎用
	醚菌酯	（翠贝）	对多种真菌性病害有效。尤其是对白粉病防效好。	1. 和其他药剂交替或配合使用，避免抗药性的产生 2. 阴天时使用有产生药害的风险
	肟菌酯	（肟草酯）	喷雾防治白粉病、叶斑病、霜霉病、锈病、立枯病、黑星病等	1. 和其他甲氧基丙烯酸类杀菌剂有交互抗性 2. 最好和其他杀菌剂混配使用
	烯肟菌酯	类似于醚菌酯	喷雾防治白粉病、疫病和霜霉病，效果突出。同时对黑星病、炭疽病、斑点落叶病也有不错的防效	

附录 B 常用杀虫剂种类及其应用

化学结构分类	作用机制	主要品种	商品名称及别名	作用特点	剂型及使用
新烟酰类杀虫剂	良好的内吸性	吡虫啉（低毒）	咪蚜胺、灭虫精	是第 1 个推出的新烟碱类农药，具高效、低毒、广谱、内吸性好的性能，兼具胃毒作用和触杀作用，持效期长，对刺吸式口器害虫防效好	制剂有 10%吡虫啉可湿性粉剂、5%吡虫啉乳油等，主要用于刺吸式口器害虫的防治，可用 10%可湿性粉剂 600～1050 g/hm² 加水 900～1125 kg，均匀喷雾
		啶虫脒（低毒）	吡虫清、乙虫脒、莫比朗	对同翅目（尤其是蚜虫）、缨翅目和鳞翅目害虫有高效。防治蚜虫和桃小食心虫的持效期可达 13～22 d	剂型有 20%可溶性粉剂、13%乳油。该杀虫剂可以和其他类杀虫剂配伍
拟除虫菊酯类杀虫剂	具有强烈的触杀作用和较好的胃毒作用与忌避活性	高效氯氟氰菊酯（低毒）	功夫，三氟氯氰菊酯、功夫菊酯、氟氯氰菊酯、氯氟氰菊酯、空手道	杀虫谱广，对螨类兼有抑制作用，对鳞翅目幼虫及同翅目、直翅目、半翅目等害虫均有很好的防效。适用于防治大多数害虫。对蜜蜂、家蚕、鱼类及水生生物有剧毒	剂型有 2.5%功夫乳油。每公顷用 2.5%乳油 300～600 mL 兑水 750 kg 进行喷雾。此药对螨仅为抑制作用，不能作为杀螨剂专用，不能与碱性物质混用
		溴氰菊酯（中毒）	敌杀死	对害虫击倒快。能防治草坪、农作物、果树上的 140 多种害虫，但对螨类、棉铃象甲、稻飞虱及螟虫（蛀茎后）效果差	制剂有 2.5%敌杀死乳油。防治害虫可用 2000～3000 倍液喷雾
		甲氰菊酯（中毒）	灭扫利	杀虫谱广，并对叶螨有较好的防治效果。适用于防治蔬菜、花卉、草坪上的多种害虫和害螨	制剂有 20%乳油。防治棉铃虫在孵卵盛期，防治桃小食心虫在产卵盛期（果实有卵率达 1%），防治菜青虫、小菜蛾用 20%乳油 2000～3000 倍喷雾，隔 7～10 d 再喷一次，可兼治螨类

续表

化学结构分类	作用机制	主要品种	商品名称及别名	作用特点	剂型及使用
拟除虫菊酯类杀虫剂	具有强烈的触杀作用和较好的胃毒作用与忌避活性	氯氰菊酯（中毒）	安绿宝、灭百可、兴棉宝、赛波凯	广谱性杀虫剂，可用来防治果树、蔬菜、草坪等植物上的鞘翅目、鳞翅目和双翅目害虫，也可防治地下害虫	剂型有 5%乳油、10%乳油、20%乳油，12.5%可湿性粉剂、20%可湿性粉剂。防治蚜虫用 10%乳油每公顷 225～450 mL（a.i. 22.5～45 g）喷施，隔 7～10 d 后再喷一次，可控制蚜虫危害
有机磷杀虫剂	有触杀作用、胃毒作用和熏蒸作用，部分具有一定的内吸效能	敌敌畏（中毒）	DDV	是一种高效、速效、广谱的有机磷杀虫剂，适用于防治多种害虫	制剂有 50%乳油、80%乳油。用 80%乳油兑水 800～1500 倍喷雾可防治植物上的多种咀嚼式口器害虫，如黄曲条跳甲、茶毛虫、叶蝉、飞虱、豆天蛾、苹果卷叶虫、桃小食心虫、烟青虫、甘蔗棉蚜等；敌敌畏亦可用于熏蒸防治
		辛硫磷（低毒）	腈肟磷、倍腈松、肟硫磷	高效、低毒、广谱的有机磷杀虫剂，具有强烈的触杀作用和胃毒作用	制剂有 40%乳油、2.5%微粒剂。叶面喷雾防治各种害虫，可用 1200～2000 倍液；防治地下害虫时，土壤处理可用 2.5%微粒剂 1.5～1.8 kg/hm^2
		毒死蜱（低毒）	乐斯本，氯蜱硫磷	广谱的有机磷杀虫、杀螨剂，具有胃毒作用和触杀作用，在土壤中挥发性较高。能防治多种害虫和螨类	制剂有 40%乳油。防治介壳虫、蚜虫、红蜘蛛、蓟马等害虫效果良好，用 500～1500 倍液喷雾；防治地下害虫用 1.2～2.8 kg/hm^2（a.i.）拌毒土撒施
		氧化乐果（高毒）		具有触杀作用、内吸作用及胃毒作用，是广谱性的有机磷杀虫、杀螨剂	制剂有 40%氧化乐果乳油，用 1000～2000 倍液喷雾，防治蚜虫、蓟马、跳甲、盲蝽、叶蝉等；用 800～1500 倍液喷雾，防治红蜘蛛、梨木虱、红蜡蚧等多种害虫
		马拉硫磷（低毒）	马拉松	具有良好的触杀作用、胃毒作用和微弱的熏蒸作用。适用于防治咀嚼式口器和刺吸式口器害虫	制剂有 45%马拉硫磷乳油、25%马拉硫磷油剂、70%优质马拉硫磷乳油（防虫磷）、1.2%马拉硫磷粉剂、1.8%马拉硫磷粉剂。使用时用 45%马拉硫磷乳油兑水稀释 2000 倍喷雾可防治棉蚜、蓟马等

续表

化学结构分类	作用机制	主要品种	商品名称及别名	作用特点	剂型及使用
有机磷杀虫剂	有触杀作用、胃毒作用和熏蒸作用，部分具有一定的内吸效能	二嗪磷（中毒）		含杂环的有机磷杀虫剂，广谱性杀虫、杀螨剂，有触杀作用、胃毒作用和熏蒸作用，也具有一定的内吸效能，主要用于防治食叶害虫、刺吸式口器害虫和地下害虫	制剂有50%二嗪磷乳油和2%颗粒剂，每公顷用50%乳油600～900 mL（a.i. 300～450 g）兑水600～900 kg喷雾；防治地下害虫每公顷用2%颗粒剂18.75 kg（a.i. 300～450 g）穴施。此药不能用铜罐、铜合金罐、塑料瓶盛装
氨基甲酸酯类杀虫剂	具有触杀作用、胃毒作用，及一定的内吸作用。对地下害虫防治效果良好	灭多威（高毒）	乙肟威、万灵、灭多虫、灭索威	广谱的内吸性氨基甲酸酯类杀虫剂	制剂有20%乳油、24%水剂。叶面喷雾可防治蚜虫、蓟马、黏虫、天蛾、螟虫、飞虱等，使用时1500倍液喷雾
		硫双威（中毒）	双灭多威、硫双灭多威、桑得卡	属氨基甲酰肟类杀虫剂，以茎叶喷雾和种子处理方式施用，具有一定的触杀作用和胃毒作用，对主要的鳞翅目、鞘翅目和双翅目害虫有效，对鳞翅目的卵和成虫也有较高的活性	制剂有25%硫双灭多威可湿性粉剂、75%桑得卡可湿性粉剂、75%拉维因可湿性粉剂、37.5%拉维因悬浮剂，持效期7～10 d，硫双威对眼睛有微刺激作用
		抗蚜威（中毒）		具有触杀作用、熏蒸作用和渗透叶面作用的氨基甲酸酯类是选择性杀蚜虫剂。用于园艺植物蚜虫的防治，有速效性和一定的持效性。抗蚜威对瓢虫、食蚜蝇和蚜茧蜂等蚜虫天敌没有不良影响	剂型有1.5%可湿性粉剂、50%的水分散粒剂。使用时每公顷用可湿性粉剂150～270 g（有效成分75～135 g）兑水450～750 kg喷雾
苯甲酰脲类杀虫剂	第三代杀虫剂或新型昆虫控制剂	氟铃脲（低毒）	盖虫散	具有很高的杀虫和杀卵活性而且速效，尤其是防治棉铃虫。在害虫发生初期（如成虫始现期和产卵期）施药最佳，在草坪及空气湿润的条件下施药可提高杀卵效果	制剂有5%氟铃脲乳油。在鳞翅目幼虫2～3龄盛发期，可用5%氟铃脲乳油以0.5～1 kg/hm^2（2000～3000倍）喷雾

续表

化学结构分类	作用机制	主要品种	商品名称及别名	作用特点	剂型及使用
苯甲酰脲类杀虫剂	第三代杀虫剂或新型昆虫控制剂	除虫脲（低毒）	敌灭灵，伏虫脲、氟脲杀	对鳞翅目害虫有特效，对刺吸式口器昆虫无效	制剂有20%除虫脲悬浮剂，可用1000～2000倍液喷雾
		氟虫脲（低毒）	卡死克	对植食性螨类（刺瘿螨、短须螨、全爪螨、锈螨、红叶螨等）和其他许多害虫均有特效，对捕食性螨和天敌昆虫安全	制剂有5%卡死克可分散性粉剂。防治夜蛾科幼虫的使用剂量为有效成分20～100 g/hm^2，防治螨类的使用剂量为有效成分10～30 g/hm^2
		氟啶脲（低毒）	抑太保、定虫隆	以胃毒作用为主，兼有触杀作用。对多种鳞翅目害虫及直翅目、鞘翅目、膜翅目、双翅目害虫有很高活性，对夜蛾科害虫有特效，对刺吸式口器害虫无效，残效期一般可持续2～3周，对使用有机磷、氨基甲酸酯、拟除虫菊酯等其他杀虫剂已产生抗性的害虫有良好的防治效果	制剂有5%抑太保乳油。防治适期应掌握在孵卵期至1～2龄幼虫盛期，用5%乳油1000～2000倍液喷雾
天然产物类杀虫剂	包括天然的病原微生物，也包括各类有杀虫效果的天然产物。对螨类和昆虫具有胃毒和触杀作用	阿维菌素（原药高毒、制剂低毒）		阿维菌素对螨类和昆虫具有胃毒和触杀作用，不能杀卵。螨类成虫、若虫和昆虫幼虫与阿维菌素接触后即出现麻痹症状，不活动、不取食，2～4 d后死亡。阿维菌素对捕食性昆虫和寄生天敌损伤较小，在环境中无累积作用，可以作为综合防治的一个组成部分	主要剂型有0.5%、0.6%、1.0%、1.8%、2%、3.2%、5%乳油，0.15%、0.2%高渗，1%、1.8%可湿性粉剂，0.5%高渗微乳油、2%水分散粒剂、10%水分散粒剂等
		甲维盐（低毒）		神经毒剂和新型高效半合成杀虫剂。杀虫活性较高，胃毒作用兼触杀作用，在非常低的剂量下具有很好的效果，对益虫没有伤害。施药作物有长期残效，在10 d以上又出现第二个杀虫致死高峰，同时很少受环境因素如风、雨等影响	目前在国内登记的有0.2%、0.5%、0.8%、1%、1.5%、2%、2.2%、3%、5%、5.7%等多种含量，还有3.2%甲维～氯氰复合制剂

续表

化学结构分类	作用机制	主要品种	商品名称及别名	作用特点	剂型及使用
常用杀螨剂	非内吸性杀螨剂或其他	哒螨灵（低毒）	哒螨酮、速螨酮、扫螨净、哒螨净，属杂环类杀螨剂	杀螨谱广，触杀性强，无内吸作用、传导作用和熏蒸作用；能抑制螨的变态，对叶螨的各个生育期均有较好的防治效果；速效性好，持效期长，可达 30～60 d；与常用杀螨剂无交互抗性	制剂有 15%哒螨灵乳油、20%哒螨酮可湿性粉剂等，田间防治时，可根据叶螨类型，选用 2000～4000 倍液均匀喷雾
		噻螨酮（低毒）	尼索朗	为非内吸性杀螨剂，对螨类的各虫态都有效；速效，持效期长；与有机磷、三氯杀螨醇无交互抗性。在螨类活动期常量喷雾使用	制剂有 5%尼索朗乳油和 5%尼索朗可湿性粉剂
		四螨嗪（低毒）	阿波罗、螨死净，为特效杀螨剂，	主要对螨卵表现高的生物活性，对幼龄期的螨有一定防效，有较长的持效性。可在卵期喷洒使用。有效成分及制剂对光、空气和热稳定	制剂有 50%阿波罗悬浮剂、20%阿波罗悬浮剂
		苯丁锡（低毒）	托尔克、螨完锡、螨锡，杀螨锡	可有效地防治活动期的各虫态植食性螨类，并可保持较长时间的药效。苯丁锡以有效成分 20～50 g/hm^2 喷雾，对瘿螨、叶螨、全爪螨高效，对捕食性节肢动物无毒	制剂有 50%托尔克可湿性粉剂、25%托尔克悬浮剂等
		噻嗪酮（低毒）	扑虱灵、优乐得，为噻二嗪类昆虫生长调节剂	对蜱螨目有害生物及一些鞘翅目和半翅目昆虫具有良好活性，可有效地防治叶螨、飞虱、叶蝉，粉虱及盾蚧和粉蚧等。噻嗪酮对眼睛和皮肤的刺激极轻微	制剂有 25%可湿性粉剂。应用剂量为 25%可湿性粉剂 300～450 g/hm^2 或 1000～1500 倍喷雾

附录C　西南地区主要园艺害虫编目与危害

一、园艺害虫主要目分类检索

1	有一对翅，跗节5节	双翅目
	有2对翅，如果只有1对翅，跗节仅1节	2
2	前翅半鞘翅，基半部为角质或革质，端半部为膜质	半翅目
	前翅基部与端部质地相同	3
3	前翅为鞘翅	鞘翅目
	前翅不是鞘翅	4
4	前后翅均为鳞翅，口器虹吸式或者退化	鳞翅目
	前后翅都不是鳞翅	5
5	前后翅膜质狭长，边缘有毛，口器锉吸式	缨翅目
	前后翅无长毛，口器非锉吸式	6
6	口器为刺吸式	同翅目
	口器为咀嚼式	7
7	前翅为复翅，跗节4节以下，后足为跳跃足或前足为开掘足	直翅目
	前翅为膜翅	8
8	前翅大，后翅小	膜翅目
	前后翅形状、大小及脉相均相似	9
9	触角链珠状	等翅目
	触角丝状或棒状	脉翅目

二、园艺害虫主要目分类及危害

1. 直翅目 Orthoptera

科	属	种	寄主植物	危害症状
蝗科 Locustidae	飞蝗属 *Locusta Linnaeus*	东亚飞蝗 *Locusta migratoria manilensis*（*Meyen*）	危害多种禾本科植物，也可危害棉花、大豆、蔬菜等	成、若虫咬食植物的叶片和茎，大发生时成群迁飞，把成片的农作物吃成光秆
蝼蛄科 Gryllotalpidae	蝼蛄属 *Gryllotalpa*	华北蝼蛄 *Gryllotalpa unispina*	杂食性害虫，常见于我国北方地区	成虫和若虫咬食植物的幼苗根和嫩茎，同时由于成虫和若虫在土下活动开掘隧道，使苗根和上分离，造成幼苗干枯死亡，致使苗床缺苗断垄
		东方蝼蛄 *Gryllotalpa orientalis Burmeister*	杂食性害虫，常见于华中、长江流域及其以南各省	成虫、若虫均在土中活动，取食播下的种子、幼芽或将幼苗咬断致死，受害的根部呈乱麻状
蟋蟀科 Gryllidae	油葫芦属 *Cryllus*	油葫芦 *Cryllus testaceuswallker*	大豆、花生、山芋、马铃薯、栗、棉、麦等农作物	成虫啃食植物的根、茎、叶
		大蟋蟀 *Brchytrupes portentosus Lichtenstein*	为害茶等林木和许多旱地作物幼苗	成虫和若虫均能为害植物茎、叶、果实和种子，有时也为害植物的根部
螽斯科 Tettigoniidae		螽斯 *Chlorobalius leucoviridis*	栖息于草丛、矮树、灌木丛中	螽斯成虫植食性种类多对农林牧业造成不同程度的危害；肉食性种类除在柞蚕区内可对养蚕业造成一定的危害外，而在其他地区则可作为害虫的天敌加以利用

2. 鳞翅目 Lepidoptera

科	属	种	寄主植物	危害症状
刺蛾科 Limacodida	黄刺蛾属 *Cnidocampa*	黄刺蛾 *Cnidocampa flavescens*	枣、核桃、枫杨、苹果、杨树等多种植物	将植物叶片吃成很多孔洞、缺刻或仅残留叶柄、主脉，严重影响树势和果实产量
	褐刺蛾属 *Setora*	褐刺蛾 *Setora postornata*	茶、桑、柑橘、桃、李、白杨等	幼虫取食叶肉，仅残留叶表皮和叶脉
	绿刺蛾属 *Latoia*	褐边绿刺蛾 *Latoia consocia*	大叶黄杨、月季、海棠、桂花、杜丹、樱桃、杨、柳、悬铃木等	幼虫取食叶片，低龄幼虫取食叶肉，仅留表皮，老龄时将叶片吃成孔洞或缺刻，有时仅留叶柄，严重影响树势
	扁刺蛾属 *Thosea*	扁刺蛾 *Thosea sinensis*	寄主植物：枣，苹果、梨、桃、梧桐、枫杨、白杨、泡桐等	幼虫取食叶片，严重时吃过寄主叶片
夜蛾科 Noctuidae	黏夜蛾属 *leucania*	黏虫 *Mythimna separata*	主要寄生于麦、稻、玉米等禾谷类粮食作物	幼虫食叶成缺刻或孔洞
	巾夜蛾属 *dysgonia*	玫瑰巾夜蛾 *Parallelia arctotaenia*	月季、玫瑰、蔷薇、石榴、大叶黄杨等	幼虫食叶成缺刻或孔洞，也为害花蕾及花瓣
	旋幽夜蛾属 *Scotogramma*	藜夜蛾 *Scotogramma trifolii*	甜菜、白菜、大豆等作物	幼虫食叶成缺刻或孔洞
	豹夜蛾属 *Sinna*	胡桃豹夜蛾 *Sinna extrema*	胡桃科的山核桃属，枫杨属、青钱柳属、泡桐属的植物等	幼虫具有暴食性，食叶
	袭夜蛾属 *Sidemia*	淡剑夜蛾 *Sidemia depravata*	禾本科冷季型草坪	幼虫食植物叶片，为暴食性害虫。低龄幼虫取食叶肉，高龄幼虫把叶脉和嫩茎吃光
	灰翅夜蛾属 *prodena*	斜纹夜蛾 *Spodoptera litura*	海棠、樱花、银杏等	夜食性害虫，成虫产卵于叶背，孵化期幼虫集中叶背啃食叶肉，3 龄后啃食全部叶片，4 龄后进入暴食期

续表

科	属	种	寄主植物	危害症状
尺蛾科 Geometridae	金星尺蛾属 *Calospilos*	丝绵木金星尺蠖 *Calospilos suspecta*	丝棉木、大叶黄杨、扶芳等	幼虫食叶，常爆发成灾，短期内将叶片吃光，只留下叶脉或主脉。引起小枝枯死或幼虫到处爬行
	庶尺蛾属 *Semiothisa*	国槐尺蠖 *Semiothisa cmerearia*	为害国槐、龙爪槐等	幼虫食叶成缺刻，严重时把叶片吃光，并吐丝下垂
	青尺蛾属 *Scopula*	茶银尺蠖 *Scopula subpunctaria*	主要危害茶	幼虫多咬食嫩叶下表皮和叶肉，食量大，颇畏阳光，阳光强时常停息于叶背。老熟时吐丝将枝叶稍叠结后倒挂化蛹于其中
灯蛾科 Arctiidae	污灯蛾属 *Spilarctia*	人纹污灯蛾 *Spilarctia subcarnea*	蔷薇、月季、榆树等	幼虫食叶，吃成孔或缺刻
螟蛾科 Pyralidae	中国绢螟属 *Diaphania*	黄杨绢野螟 *Diaphania perspectalia*	瓜子黄杨、大叶黄杨、小叶黄杨、雀舌黄杨等黄杨类绿化树种	爆发严重，以幼虫食害嫩芽和叶片，常吐丝联合叶片，于其内取食，受害叶片枯焦，爆发迅速，可迅速将叶片吃光
毒蛾科 Lymantridae	肾毒蛾属 *Cifuna locuples*	豆毒蛾 *Cifuna locuples*	柳、榆、茶、月季、荷花、紫薇等	幼虫群集为害，食叶片成洞缺刻
天蛾科 Sphingidae	鹰翅天蛾属 *Ambulyx*	鹰翅天蛾 *ochracea*	危害核桃及槭树科植物	幼虫群集食叶，成虫趋光性强
	霜天蛾属 *Psilogramma*	霜天蛾 *Psilogramma menephron*	白蜡、女贞、泡桐、丁香、悬铃木、柳、梧桐等	幼虫取食植物叶片表皮，使受害叶初现缺刻、孔洞，甚至将全叶吃光
卷叶蛾科 Tortricidae	毛卷蛾属 *Homona*	茶长卷叶蛾 *Homona coffearia*	山茶、杜丹、蔷薇、樱花、紫藤等花木	以幼虫危害嫩叶、嫩枝、常将叶片吐丝粘在一起，幼虫藏身其中取食危害，少数幼虫嵌入花蕾、花瓣中取食
斑蛾科 Zygaenidae	长毛斑蛾属 *Prgeria*	大叶黄杨长毛斑蛾 *Prgeria Sinica*	大叶黄杨、金边黄杨、丝棉木等树木	以幼虫取食叶片，常将叶片吃光，削弱树势，损伤树形，影响观赏

续表

科	属	种	寄主植物	危害症状
斑蛾科 Zygaenidae	锦斑蛾属 *Histia*	重阳木锦斑蛾 *Histia rhodope*	主要危害重阳木	成虫白天在重阳木树冠或其他植物丛中飞舞，吸食补充营养。产卵于叶背。幼虫取食叶片，严重时将叶片吃光，仅残留叶脉等
袋蛾科 Psychidae	窠蓑蛾属 *Clania*	茶袋蛾 *Clania minuscula*	悬铃木、杨、柳、女贞、榆、紫荆、樱桃、桑等	幼虫在护囊中咬食叶片、嫩梢或剥食枝干、果实皮层，造成局部茶丛光秃，集中危害
	蓑蛾属 *Cryptothelea*	小袋蛾 *Cryptothelea minuscula*	樱桃、李、苹果、茶、桑等	幼虫在护囊中咬食叶片、嫩梢，或剥食枝干、果实皮层
卷蛾科 Tortricidae	小食心虫属 *Grapholitha*	李小食心虫 *Grapholitha funebrana*	李、杏、樱桃、桃等	幼虫蛀果为害，蛀果前常在果面上吐丝结网，栖息于网下开始啃食果皮蛀入果内，早期入果孔为黑色，数日后即有虫粪排出
木蠹蛾科 Cossidae	豹蠹蛾属 *Zeuzera*	豹纹木蠹蛾 *Zeuzera leuconolum*	杨、柳核桃等林木	被害枝基部木质部与韧皮部之间有一个蛀食环，幼虫沿髓部向上蛀食，枝上有数个排粪孔，有大量的长椭圆形粪便排出，受害枝上部分变黄枯萎，遇风易折断

3. 鞘翅目 Coleoptera

科	属	种	寄主植物	危害症状
金龟子科 Scarabaeoidea	鳃金龟属 *Holotrichia*	暗黑鳃金龟 *Holotrichia parallela*	加杨、白杨、柳、槐、桑、苹果等树	幼虫危害花生、大豆等作物的地下部分，成虫有暴食特点，很快将树叶吃光，成、幼虫食性很杂，危害严重
		大栗鳃金龟 *Melolontha hippocastani mongolica*	云杉、杉树、杨树等	幼虫危害苗木根部和地下茎，成虫危害杨树等树木的叶片，常造成整株叶片被吃光
	绒金龟属 *Serica*	黑绒金龟子 *Serica orientalis*	榆树、杨树、牡丹、菊花、月季、臭椿、泡桐、梅花、菊花等多种植物	喜食杨树、榆树的嫩叶，成虫食性杂，群聚为害苗木的芽苞和嫩芽
天牛科 Cerambycidae	星天牛属 *Anoplophora*	星天牛 *Anoplophora chinensis*	杨、柳、榆、刺槐、核桃、桑树、红椿、乌桕、梧桐、悬铃木等	幼虫，蛀害树木根部，严重影响树体的生长发育。成虫咬食嫩枝皮层，形成枯梢，食叶成缺刻
		光肩星天牛 *Anoplophora glabripennis*	悬铃木、柳、杨等	幼虫蛀蚀树干，危害轻的降低木材质量，严重的能引起树木枯梢和风折。成虫咬食树叶或小数枝条表皮和木质部
	桑田牛属 *Apriona*	桑天牛 *Apriona germari*	榆、杨、柳、刺槐、桑、构树、朴树、枫杨、樱桃等	桑、杨并存时对杨树危害巨大。成虫食害嫩枝皮和叶。幼虫于枝干皮下和木质部中向下蛀食，隔一定距离向外蛀以通气孔，排出大量粪屑削弱树势，重者枯死
	薄翅天牛属 *Megopis*	薄翅锯天牛 *Megopis sinica*	苹果、山楂、杨、柳、榆、松、杉、桑、梧桐等	幼虫于枝干皮层和木质部内蛀食，隧道走向不规律，内充满粪屑，削弱树势，重者枯死
	白条天牛属 *Batocera*	云斑天牛 *Batocera horsfieldi*	泡桐、乌桕、栗、杨、榆、柳、桑等	其成虫为害新枝皮和嫩叶，幼虫蛀食枝干，造成花木生长势衰退，凋谢乃至死亡，国内以长江流域以南地区受灾最为严重
	红颈天牛属 *Aromia*	桃红颈天牛 *Aromia bungii Faldermann*	桃、李、杏、樱桃，也为害杨、柳等树	以幼虫蛀入寄主木质部为害，造成枝干中空，树势衰弱，严重时整株枯死
叶甲科 Chrysomelidae	瓢跳甲属 *Argopistes*	女贞瓢跳甲 *Argopistes tsekooni*	金叶女贞	成虫取食叶片，导致叶片出现圆形或不规则性小斑点，幼虫潜入皮下，在表皮下钻出弯曲虫道，破坏叶绿体机构，削弱植物光合作用，使大量叶片枯死
	圆叶甲属 *Argopistes*	柳蓝叶甲 *Plagiodera versicolora*	垂柳、旱柳、夹竹桃、泡桐、杨树、杞柳等	以成虫和幼虫危害寄主植物，常造成叶片穿孔

4. 半翅目 Hemiptera

科	属	种	寄主植物	危害症状
网蝽科 Tingidae	冠网蝽属 *Stephanitis*	梨花网蝽 *Stephanitis nashi*	杜鹃、月季、山茶、含笑、茉莉、蜡梅、紫藤、火棘等植物	成、若虫都群集在叶背面刺吸汁液，受害叶背面出现很像是被溅污的黑色黏稠物。这一特征易区别于其他刺吸害虫。整个受害叶背面呈锈黄色，正面形成很多苍白斑点，受害严重时斑点成片，以至全叶失绿，远看一片苍白，提前落叶不再形成花芽
		樟脊网蝽 *Stephanitis macaona*	樟树	成、若虫群集叶背面吸汁液。成虫、若虫群集叶背吸汁，被害叶正面呈浅黄白色小点或苍白色斑块，反面为褐色小点或锈色斑块。严重被害时，全株叶片苍白焦枯，无一幸免，对树势生长发育影响颇大，而对 3m 高左右的幼壮年树，为害更甚。成虫、若虫聚集叶背刺吸，主要为害中下部叶片
	方翅网蝽属 *Corythucha*	悬铃木方翅网蝽 *Corythucha ciliate*	主要危害悬铃木属树种，特别是一球悬铃木	成虫和若虫以刺吸寄主树木叶片汁液为害为主，受害叶片正面形成许多密集的白色斑点，叶背面出现锈色斑，从而抑制寄主植物的光合作用，影响植株正常生长，导致树势衰弱。受害严重的树木，叶片枯黄脱落，严重影响景观效果
盲蝽科 Miridae	草盲蝽属 *Lygus*	绿盲蝽 *Apolygus lucorum*	桑树、枣树、棉花等	成、若虫刺吸棉株顶芽、嫩叶、花蕾及幼龄上的汁液，幼芽受害形成仅剩两片肥厚子叶的公棉花。叶片受害形成具有大量破空、皱缩不平的“破叶疯”

5. 同翅目（Homoptera）

科	属	种	寄主植物	危害症状
蚜科 Aphididae	长管蚜属 *Macrosiphum*	月季长管蚜 *Macrosiphum rosirvorum*	月季、蔷薇、玫瑰、梅花等	群居危害新梢、嫩叶和花蕾
	修尾蚜属 *Sinomegoura*	樟修尾蚜 *Sinomegoura citricola*	樟树、月桂、广玉兰、无患子等	成虫若虫成群栖息在植物嫩梢和幼叶
	蚜属 *Aphis*	木槿棉蚜 *Aphis gossypii*	木槿	棉蚜以刺吸口器插入棉叶背面或嫩头部分组织吸食汁液，受害叶片向背面卷缩，叶表有蚜虫排泄的蜜露（油腻），并往往滋生霉菌。棉花受害后植株矮小、叶片变小、叶数减少、根系缩短、现蕾推迟、蕾铃数减少、吐絮延迟
		绣绣线菊蚜 *Aphis citricola*	苹果、桃、李、杏、多种绣线菊等植物	以成虫、若虫刺吸叶和枝梢的汁液，叶片被害后向背面横卷，影响新梢生长及树体发育
	囊管蚜属 *Tuberocephalus*	樱桃瘿瘤蚜 *Tuberocephalus higansakurae*	樱桃叶片	叶片受害后向正面肿胀凸起，形成花生壳状的伪虫瘿，初略呈红色，后变枯黄
	桃蚜属 *Myzus*	桃蚜 *Myzus persicae*	多食性，主要危害桃、梅、兰花、樱花、月季等	以成、若蚜密集在叶背面吸食汁液，使植株生长缓慢或叶片卷缩，其排泄物还可诱发煤污病
	桃粉蚜属 *Hyalopterus*	桃粉蚜 *Hyalopterus arundimis*	桃、李、杏、梅等	无翅胎生雌蚜和若蚜群集于枝梢卜和嫩叶背而吸汁为害，被害叶向背对合纵卷，叶常有白色蜡状的分泌物（为蜜露），常引起煤污病发生，严重时使枝叶呈暗黑色，影响植株生长和观赏价值
斑蚜科 Drepanosiphidae	绵叶蚜属 *Shivaphis*	朴树棉蚜 *Shivaphis celti*	朴树	刺吸寄主嫩叶、嫩枝汁液为生，全身均有棉絮般蜡质分泌物，看起来略似蚧壳虫，其排泄的蜜露能诱发煤污病，从而导致树木叶片发黑、脱落，既影响植物的光合作用，又影响了园林景观效果
		紫薇长斑蚜 *Tinocallis Kahawaluokalani*	紫薇	对紫薇的危害年年发生，常盖满紫薇幼叶反面，使新梢扭曲，嫩叶卷缩，凹凸不平，影响花芽的形成，使花序缩短，甚至无花，同时还会诱发煤污病，传播病毒

续表

科	属	种	寄主植物	危害症状
扁蚜科 Hormaphididae	刺额扁蚜属 *Astegopteryx*	竹叶扁蚜 *Astegopteryx bambusifoliae*	麻竹、孝顺竹、绿竹等各类竹叶	成虫若虫常成群栖息于竹叶叶片背面吸食汁液，成虫分泌蜜露引起煤污病，造成竹叶枯黄发黑
蚧总科 Cocoidea	绒蚧属 *Eriococcus*	紫薇绒蚧 *Eriococcus legerstroemiae*	紫薇、石榴等花木	以若虫和雌成虫寄生于植株枝、干和腋芽等处，吸食汁液。其排泄物能诱发煤污病，影响花卉的生长发育和观赏
	绵粉蚧属 *Phenacoccus aceris*	扶桑绵粉蚧 *Phenacoccus solenopsis*	棉花、木槿、扶桑等	主要危害植物的幼嫩部位，包括嫩枝、叶片、花芽和叶柄，以雌成虫和若虫吸食汁液
	吹绵蚧属 *Icerya*	吹绵蚧 *Icerya purchasi*	牡丹、佛手、山茶、含笑、月季、海棠、鞭蓉、石榴等花卉	常群集在叶牙、嫩芽、新梢上危害，发生严重时，叶色发黄，造成落叶和枝梢枯萎，以致整枝、整株死去，即使尚存部分枝条，亦因其排泄物引起煤污病而一片灰黑，严重影响观赏价值
		日本纽棉蚧 *Drosicha corpulenta*	卫矛、白蜡、黄杨、槐、玫瑰、刺玫、珊瑚、月季、蜡梅、玉兰、枫杨、泡桐、八角金盘等	群栖息于花木嫩芽、嫩梢、枝干、根部刺吸为害。造成植株生长势衰弱，枝枯，叶落
	蜡蚧属 *Ceroplastes*	红蜡蚧 *Ceroplastes rubens*	月桂、栀子花、桂花、蔷薇等	成虫和若虫密集寄生在植物枝干上和叶片上，吮吸汁液。雌虫多在植物枝干上和叶柄上为害，雄虫多在叶柄和叶片上为害，并能诱发煤污病，致使植株生长势变弱，树冠萎缩，全株发黑，严重者则造成植物整株枯死
		日本龟蜡蚧 *Ceroplastes japonicas*	绣线菊、玫瑰、含笑、海桐、樱桃、红叶李、垂丝海棠、石楠等100多种植物	若虫和雌成虫刺吸枝、叶汁液，排泄蜜露常诱致煤污病发生，削弱树势重者枯死

续表

科	属	种	寄主植物	危害症状
蚧总科 Cocoidea	球坚蚧属 *Didesmococcus*	朝鲜球坚蚧 *Didesmococcus koreanus*	桃、李、海棠、苹果、杏、梅花等	每年发生一代，以2龄若虫在树枝上越冬，外覆有蜡被。以雌成虫和若虫寄生于枝条上，雌虫球型介壳经常密集累累；寄主因被害而枯死。其若虫和雌成虫以其丝状细长的刺吸式口器固着寄主枝条，树干嫩皮部，终生吸取汁液。寄主受害后轻者生长不育，严重者树势衰弱，导致死亡
木虱科 Psyllidae	青桐木虱属 *Thysanogyna*	青桐木虱 *Thysanogyna limbata*	梧桐	若虫和成虫多群集青桐叶背和幼枝嫩干上吸食危害，破坏输导组织，若虫分泌的白色絮状蜡质物，能堵塞气孔，影响光合作用和呼吸作用，致使叶面呈苍白萎缩症状；且因同时招致霉菌寄生，使树木受害更甚。严重时树叶早落，枝梢干枯，表皮粗糙，易风折，严重影响树木的生长发育
粉虱科 Aleyrodidae	刺粉虱属 *Aleurocanthus*	黑刺粉虱 *Aleurocanthus spiniferus*	茶、柑橘、油茶、梨等多种植物	若虫寄生在茶树叶背刺吸汁液，并诱发严重的烟煤病。病虫交加，养分丧失，光合作用受阻，树势衰弱，严重致死
	蜡粉虱属 Trialeurodes	白粉虱 *Trialeurodes vaporariorum* (*Westwood*)	蔬菜中的黄瓜、菜豆、茄子、辣椒等都为其所害，还为害花卉、烟草等多种植物	成虫、若虫群居植物叶片上吸食植物汁液，被害叶片褪绿、变黄、萎蔫，甚至全株死亡。此外分泌大量蜜露，污染叶片果实，导致煤污病的发生
叶蝉科 Cicadellidae	小绿叶蝉属 *Empoasca*	桃小绿叶蝉 *Jacobiasca formosana*	棉花、樱桃、梅、李、杏、桃等多种植物	成、若虫吸食汁液，被害叶初现黄白色斑点逐渐扩成片，严重时全叶片苍白早落
蜡蝉科 Acanalonia bivattata	斑衣蜡蝉属 *Lycorma*	斑衣蜡蝉 *Lycorma delicatula*	樱、梅、珍珠梅、海棠、桃葡萄、石榴、臭椿、梧桐等	以成虫、若虫群集在叶背、嫩梢上刺吸危害，栖息时头翘起，有时可见数十头群集在新梢上，排列成一条直线；引起被害植株发生煤污病或嫩梢萎缩，畸形等，严重影响植株的生长和发育
	广翅蜡蝉属 *Ricania*	广翅蜡蝉 *Ricania speculum*	桑、茶、桃、李、洋槐等	成、若虫喜欢在嫩枝和芽、叶上刺吸汁液，产卵于当年生枝条内，影响枝条生长，重者产卵部以上枯死

6. 膜翅目 Hymenoptera

科	属	种	寄主植物	危害症状
叶蜂科 Thethredinidae	樟叶蜂属 *Mesonura*	樟叶蜂 *Mesonu rarufonota*	樟树	幼虫从切裂处孵出，在附近啃食下表皮，之后则食全叶。在大发生时，则叶片很快被吃光
三节叶蜂科 Argidae	三节叶蜂属 *Argeina*	蔷薇叶蜂 *Arge pagana panzr*	月季、玫瑰、蔷薇等	幼虫食叶成缺刻或孔洞，该虫常数十头群聚在叶片上，可将叶片吃光，仅残留叶脉。雌虫把卵产在枝梢，致枝梢枯死，影响植物生长
		榆三节叶蜂 *Aproceros leucopoda*	白榆、黑榆等榆树	以幼虫取食叶片，严重影响树势及景观效果

7. 双翅目 Diptera

科	属	种	寄主植物	危害症状
潜蝇科 Agromyzidae		美洲斑潜蝇 *Liriomyza sativae Blanchard*	番茄、蚕豆、冬瓜、大白菜、油菜等多种植物	幼虫取食叶片正面叶肉，形成先细后宽的蛇形弯曲或蛇形盘绕虫道，其内有交替排列整齐的黑色虫粪，老虫道后期呈棕色的干斑块区
花蝇科 Anthomyiidae	花蝇属 Anthomyia	种蝇 *Delia platura*	蔬菜、果树、观赏草花、灌木、苗木、温室花木	以幼虫在土中为害播下的蔬种子，取食胚乳或子叶，引起种芽畸形、腐烂而不能出苗;钻食蔬菜根部，引起根茎腐烂或全株枯死

8. 缨翅目 Thysanoptera

科	属	种	寄主植物	危害症状
蓟马科 Thripidae	蓟马属	温室蓟马 *Hercinothrips femoralis*	西红柿、黄瓜、香蕉树、菊花、绣球花等	蓟马的成虫和若虫用锉吸式口器挫吸寄主植物的新梢、新叶、嫩芽、嫩茎、花和幼果等组织表皮的汁液，导致花瓣褪色、叶片皱缩，茎和果则形成伤疤，最终植株枯萎；有时受害叶片上出现长条状黄白斑，叶片干枯
		榕母管蓟马 *Gynairothrips uzeli Zimmerman*	榕树、气达榕、龙般花、杜鹃花、人面子、无花果	以若虫和成虫锉吸寄主的嫩叶和幼芽的汁液，是榕树的一种普遍而严重的害虫。受害叶形成虫瘿，使寄主的叶片和嫩梢生长畸形

9. 脉翅目 Neuroptera

科	属	种	寄主植物	危害症状
草蛉科 Chrysopidae	草蛉属	草蛉 *Chrysopa perla*	板栗树、栾树、荆条等	大部分成虫和幼虫主要捕食蚜、螨、蚧及鳞翅目、鞘翅目卵和幼虫，而部分成虫以花粉、花蜜为食。为益虫

10. 真螨类 Acariformes

科	属	种	寄主植物	危害症状
叶螨科 *Tetranychidae*	叶螨属	二斑叶螨 *Tetranychus urticae Koch*	蔬菜、大豆、花生、玉米、高粱、苹果、梨、桃、杏、李、樱桃、葡萄、棉、豆等多种作物和近百种杂草	主要寄生在叶片的背面取食，刺穿细胞，吸取汁液，受害叶片先从近叶柄的主脉两侧出现苍白色斑点，随着危害的加重，可使叶片变成灰白色及至暗褐色，抑制光合作用的正常进行，严重者叶片焦枯以至提早脱落
	全爪螨属 *Panonychus*	柑橘全爪螨 *Panonchus citri McGregor*	柑橘	以口器刺破寄主叶片表皮吸食汁液，被害叶面呈现无数灰白色小斑点，严重时全叶失绿变成灰白色，导致大量落叶；亦能为害果实及绿色枝梢，影响树势和产量，为我国柑橘生产的头号害虫
		山楂红蜘蛛 *Tetranychus viennensis Zacher*	寄主于日本樱花、西府海棠、贴梗海棠、榆叶、榆、樱花、桃树、山桃、山楂、玫瑰、碧桃、梨、杏、山楂、苹果等	成、若、幼螨刺吸芽、果的汁液，叶受害初呈现很多失绿小斑点，渐扩大连片。严重时全叶苍白枯焦早落，常造成二次发芽开花，削弱树势，不仅当年果实不能成熟，还影响花芽形成和下年的产量
		苹果全爪螨 *Panonychus ulmi*（*Koch*）	危害樱花、海棠、山桃、碧桃、樱桃、红叶李、枫、榆、苹果等	红蜘蛛吸食叶片及初萌发芽的汁液。芽严重受害后不能继续萌发而死亡；受害叶片上最初出现很多的失绿小斑点，后扩大成片，以致全叶焦黄而脱落
叶瘿螨科 *Eriophyidae*		葡萄缺节瘿螨 *Eriophyes vitis Pagenstecher*	葡萄	成、若螨在叶背刺吸汁液，初期被害处呈现不规则的失绿斑块。叶正面形成斑块状表面隆起，叶背面产生灰白色茸毛。后期斑块逐渐变成锈褐色，被害叶皱缩变硬、枯焦。严重时也能为害嫩梢、嫩果、卷须和花梗等，使枝蔓生长衰弱，产量降低
		梨梨叶肿瘿螨 *Eriophyes pyri Pagenst*	主要危害作物：主要危害梨、苹果，亦危害山楂	叶片被害初期出现芝麻大小的浅绿色疱疹，后逐渐扩大，并变成红褐色，最后变成黑色。疱疹多发生在主侧脉之间，常密集成行，使叶片正面隆起，背面凹陷卷曲，严重时被害叶早期脱落，营养积累减少，树势被削弱，影响花芽形成，导致梨果产量下降

附录D 园艺植物病原真菌检索表

A. 营养体为无隔丝状体或多核的原生质团，无性繁殖产生游动孢子，有性繁殖产生卵孢子或接合子……………………………………………………………………………鞭毛菌亚门

B. 营养体为多核的原生质团，无性繁殖产生休眠孢子囊，有性繁殖产生接合子。休眠孢子囊似鱼卵状充塞寄主细胞内

……………………………………………………1. 根肿菌属（*Plasmodiophora*）

B. 营养体为无隔丝状体，无性繁殖产生游动孢子，有性繁殖产生卵孢子

C. 孢子囊单生在孢囊梗顶端或孢囊梗分枝顶端

D. 孢囊梗与菌丝无区别或区别很少，可无限生长

E. 孢子囊一般不脱落，萌发时产生泡囊，其中形成游动孢子

……………………………………………………………2. 腐霉属（*Pythium*）

E. 孢子囊成熟后一般脱落，萌发时不产生泡囊

……………………………………………………………3. 疫霉属（*Phytophthora*）

D. 孢囊梗与菌丝有明显区别，多数为有限生长，个别小枝可无限生长

……………………………………………………4. 霜疫霉属（*PeronoPhythora*）

D. 孢囊梗与菌丝有明显区别，有限生长

E. 孢囊梗主轴分枝

F. 孢囊梗小枝与主轴成锐角…………5. 假霜霉属（*Pseudoperonospora*）

E. 孢囊梗双叉分枝

F. 孢囊梗小枝顶端尖锐……………………………6. 霜霉属（*Peronospora*）

F. 孢囊梗小枝顶端呈盘状，似有小梗…………7. 盘梗霜霉属（*Bremia*）

C. 孢子囊串生在短棍棒状孢囊梗顶端……………………8. 白锈菌属（*Albugo*）

A. 营养体为无隔丝状体，无性繁殖产生孢囊孢子，有性繁殖产生接合孢子

……………………………………………………………………………接合菌亚门

B. 孢囊梗细长，孢子囊中形成较多的孢囊孢子

C. 孢囊梗直接从菌丝产生，无匍匐丝与假根…………………9. 毛霉属（*Mucor*）

C. 孢囊梗从匍匐丝上产生，与假根对生…………………10. 根霉属（*Rhizopus*）

A. 营养体为有隔丝状体，无性繁殖产生分生孢子，有性繁殖产生子囊孢子

……………………………………………………………………………子囊菌亚门

B. 无子囊果，子囊裸生，呈栅栏状排列在寄主体表面

……………………………………………………11. 外囊菌属（*Taphrina*）

B. 子囊果是闭囊壳

C. 闭囊壳上有丝状附属丝，引起白粉病

D. 闭囊壳内含单个子囊 ……………………… 12. 单丝壳属（*Sphaerotheca*）

D. 闭囊壳内含多个子囊 ……………………………13. 白粉菌属（*Erysiphe*）

C. 闭囊壳上无附属丝，有刚毛包围闭囊壳，引起煤污病

……………………………………………………………14. 小煤炱属（*Meliola*）

B. 子囊果是子囊壳，子囊单层壁

C. 子囊壳丛生在菌丝层或半埋于子座内，壳壁四周有毛，子囊孢子单细胞、无色、长椭圆形、直或略弯 ……………………………… 15. 小丛壳属（*Glomerella*）

B. 子囊果是子囊腔，子囊双层壁

C. 子囊孢子双细胞，无色，椭圆形 ……………16. 球腔菌属（*Mycosphaerella*）

C. 子囊孢子多细胞，有纵横分隔，黄褐，椭圆形

…………………………………………………………17. 格孢腔菌属（*Pleospora*）

B. 子囊果是子囊盘

C. 子囊盘呈盘状，有长柄，产生在菌核或假菌核上。子囊平行排列在子囊盘上

……………………………………………………… 18. 核盘菌属（*Sclerotinia*）

A. 营养体为有隔丝状体，无性繁殖不发达，有性繁殖产生担孢子 ………担子菌亚门

B. 双核菌丝在产生担子之前先形成一个厚壁的休眠孢子（称为冬孢子或厚垣孢子），无担子果

C. 休眠孢子是冬孢子，冬孢子有柄，引起植物锈病

D. 冬孢子单细胞，椭圆形，顶壁厚 ………………19. 单胞锈菌属（*Uromyces*）

D. 冬孢子双细胞，顶壁厚。柄短，不胶化 ………… 20. 柄锈菌属（*Puccinia*）

D. 冬孢子双细胞，顶壁薄。柄长，可胶化

…………………………………………21. 胶柄锈菌属（*Gymnosporangium*）

D. 冬孢子多细胞，柄长，柄下部膨大 ……… 22. 多胞锈菌属（*Phragmidium*）

A. 营养体为有隔丝状体，无性繁殖产生分生孢子或不产生分生孢子，不产生有性孢子或有性孢子少见 ………………………………………………………………半知菌亚门

B. 产生分生孢子

C. 分生孢子梗散生或丛生

D. 分生孢子梗和分生孢子均无色，分生孢子单细胞

E. 分生孢子梗短、直立不分枝，分生孢子椭圆形串生于分生孢子梗顶端

……………………………………………………23. 粉孢属（*Oidium*）

E. 分生孢子梗长、上部成扫帚状分枝、分枝顶端成瓶状小梗，分生孢子串生于瓶状小梗顶端 ……………………………24. 青霉属（*Penicillium*）

E. 分生孢子梗细长、分枝、顶端膨大成球状体并生有小梗，分生孢子聚生于分生孢子梗顶端膨大的球状体上……………………25. 葡萄孢属（*Botrytis*）

D. 分生孢子梗和分生孢子均无色，产生两种形态的分生孢子，小型分生孢子卵圆形、单细胞，大型分生孢子镰刀形、多细胞

……………………………………………………………26. 镰刀菌属（*Fusarium*）

D. 分生孢子梗和分生孢子或其中之一暗色，分生孢子多细胞

E. 分生孢子梗丛生、不分枝，分生孢子细长呈针形、只有横分隔

……………………………………………………27. 尾孢属（*Cercospora*）

E. 分生孢子梗丛生、不分枝，分生孢子卵圆形、多数串生，有纵横分隔

……………………………………………………28. 链隔孢属（*Alternaria*）

C. 分生孢子梗和分生孢子产生于分生孢子盘内

D. 分生孢子单细胞、无色

E. 分生孢子梗数量少，分生孢子小、卵圆形

……………………………………………………29. 痂圆孢属（*Sphaceloma*）

E. 分生孢子梗数量多，分生孢子长椭圆形或新月形

……………………………………………30. 炭疽菌属（*Colletotrichum*）

D. 分生孢子双细胞、无色，分生孢子盘下有放射状菌丝

……………………………………………………31. 放线孢属（*Actinonema*）

D. 分生孢子多细胞、暗色，分生孢子顶端有数根刺毛

……………………………………………32. 盘多毛孢属（*Pestalozzia*）

C. 分生孢子梗和分生孢子产生于分生孢子器内

D. 分生孢子单细胞、无色、卵圆形或椭圆形

E. 分生孢子小，在 15 μm 以下，主要寄生在叶片上

……………………………………………………33. 叶点霉属（*Phyllosticta*）

E. 分生孢子小，在 15 μm 以下，主要寄生在茎秆上

……………………………………………………………34. 茎点霉属（*Phoma*）

E. 分生孢子大，在 15 μm 以上

…………………………………………35. 大茎点霉属（*Macrophoma*）

D. 分生孢子单细胞、无色。分生孢子有两种形态，卵圆形或椭圆形和线条形

……………………………………………36. 拟茎点霉属（*Phomopsis*）

D. 分生孢子双细胞、无色、卵圆形或椭圆形

……………………………………………………37. 壳二孢属（*Ascochyta*）

D. 分生孢子多细胞、无色、针形或线形……………38. 壳针孢属（*Septoria*）

D. 分生孢子双细胞、暗色、卵圆形或椭圆形………39. 色二孢属（*Diplodia*）

B. 不产生分生孢子

C. 菌丝褐色，多为直角分枝，菌核小、不规则形

……………………………………………………40. 丝核菌属（*Rhizoctonia*）

C. 菌丝无色，呈放射状生长，菌核圆球形，似油菜籽

……………………………………………………41. 小核菌属（*Sclerotium*）

附录E 西南地区园艺植物常见病虫害图谱

一、害 虫

1.直翅目

东亚飞蝗

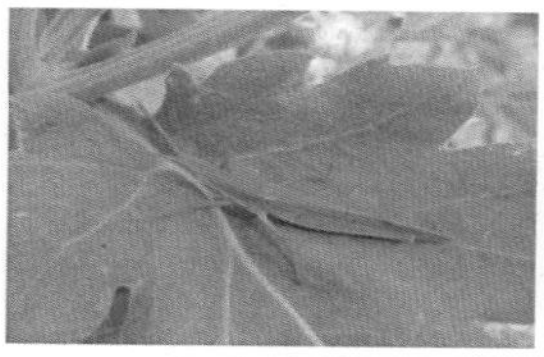

短额负蝗

华北蝼蛄

2.半翅目

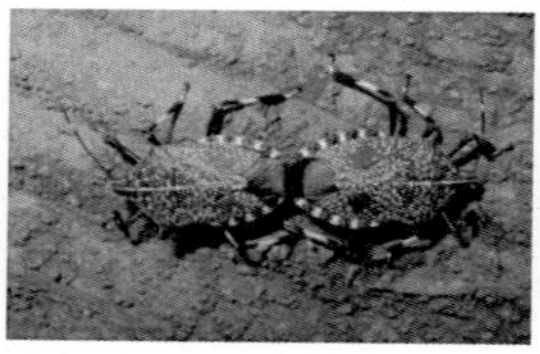

黄斑春

菜蝽

缘蝽

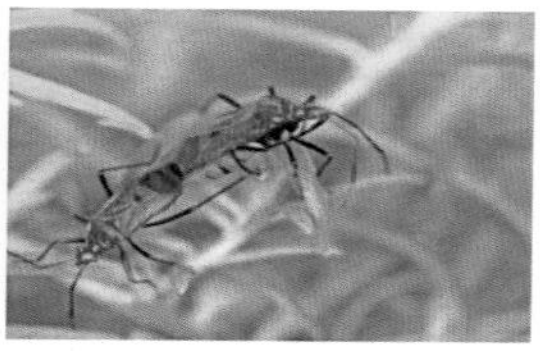

黑红猎蝽

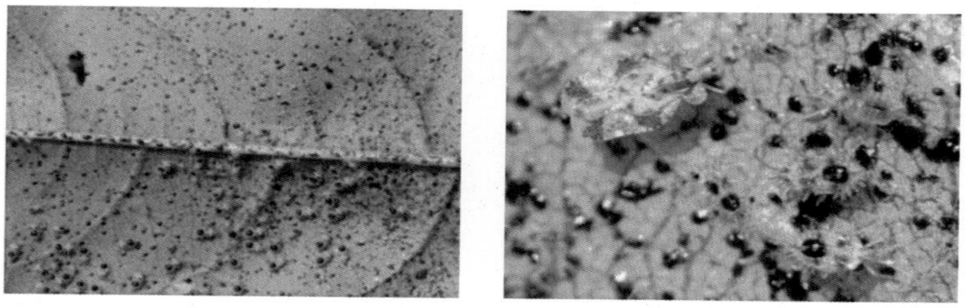

梨花网蝽

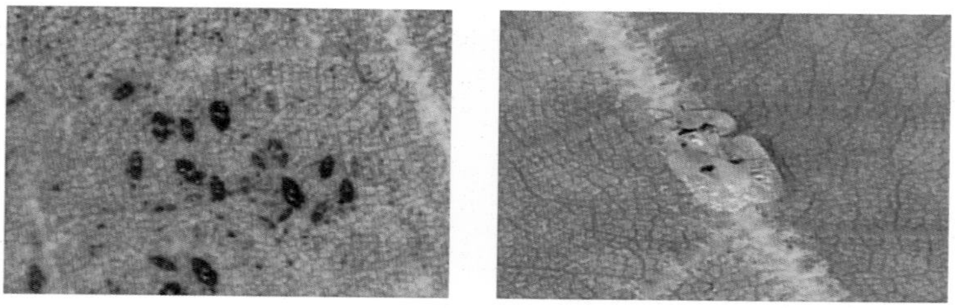

悬铃木方翅网蝽

3. 同翅目

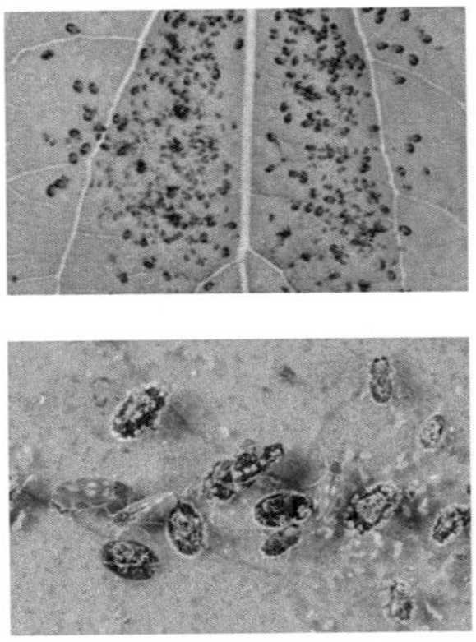

黑刺粉虱

青桐木虱

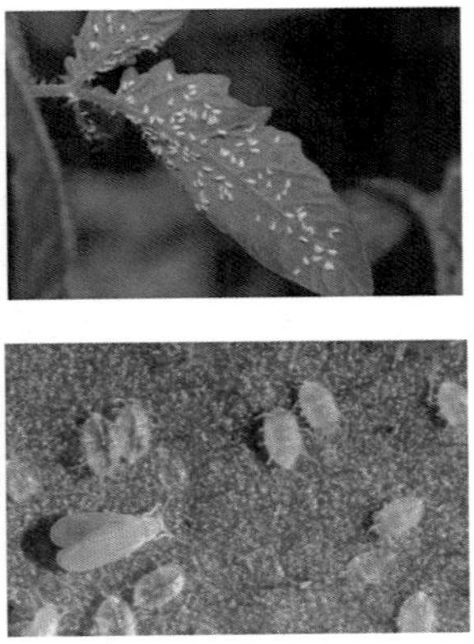

温室白粉虱

苏铁圆蚧

草履蚧

棉蚜

朴树棉蚜

桃小绿叶蝉

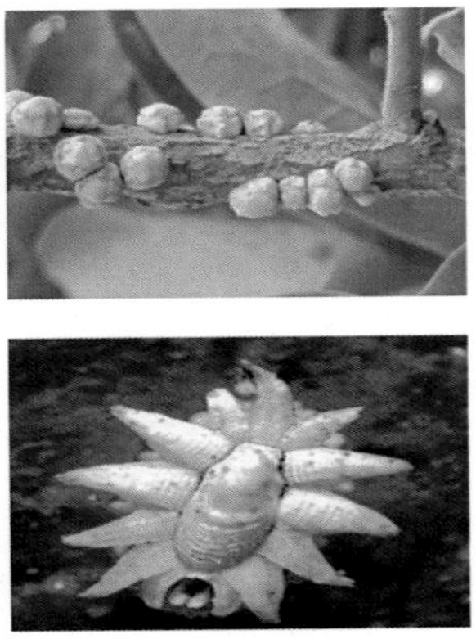

日本龟蜡蚧

桃粉蚜

朝鲜球坚蚧

月季长管蚜

吹棉蚧

扶桑绵粉蚧

紫薇绒蚧

夹竹桃蚜

绣线菊蚜

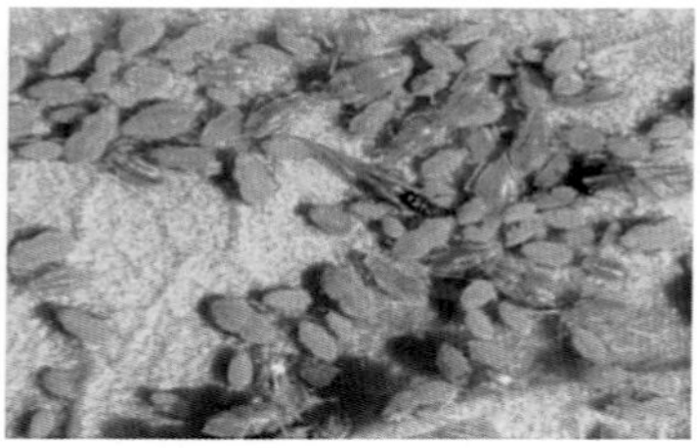
桃蚜

竹叶扁蚜

竹茎扁蚜

紫薇长斑蚜

4. 鳞翅目

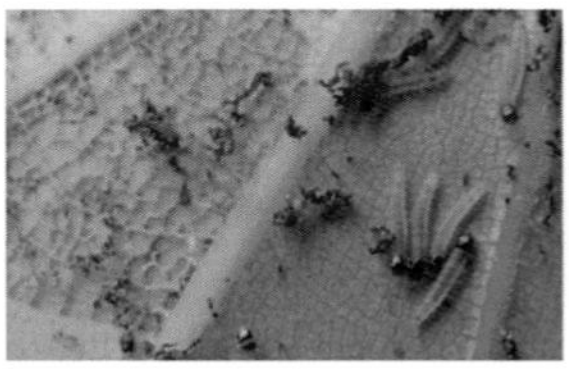

樟巢螟

舞毒蛾

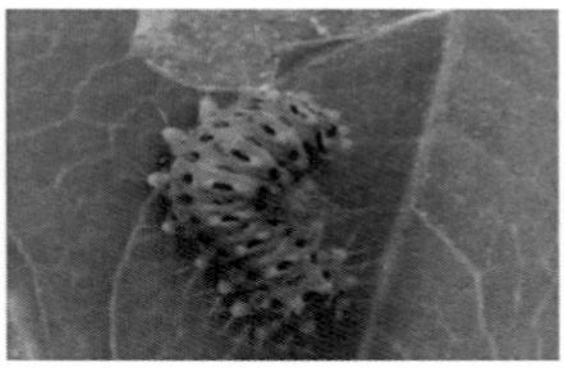

重阳木锦斑蛾

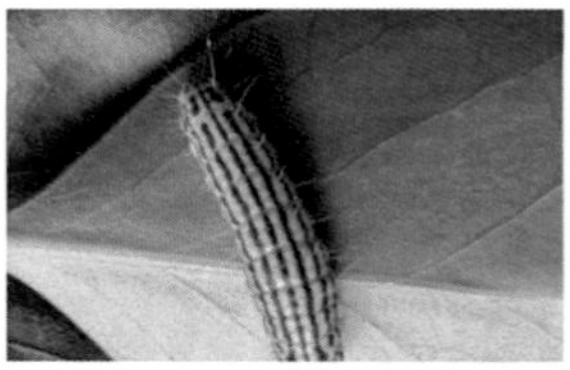

大叶黄杨长毛斑蛾

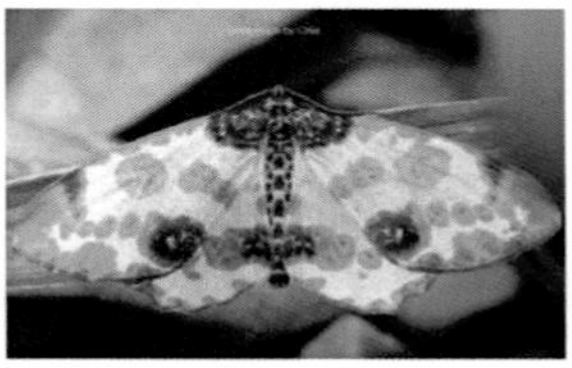

丝绵木金星尺蠖

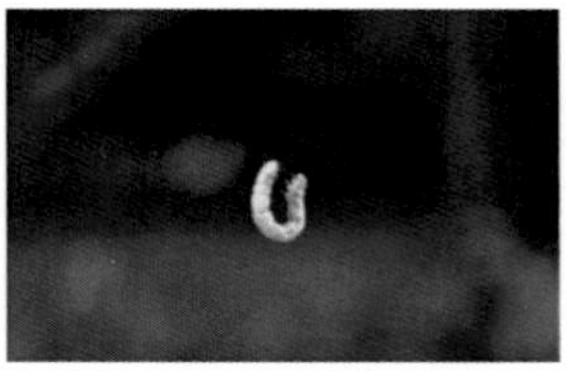

国槐尺蠖

鬼脸天蛾

茶袋蛾

黄杨绢野螟

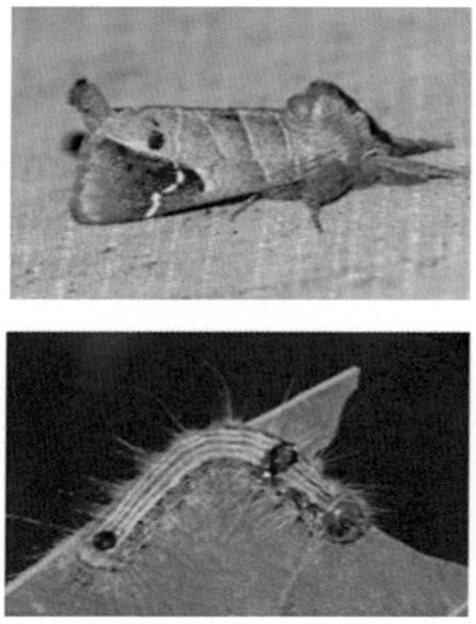

杨扇舟蛾

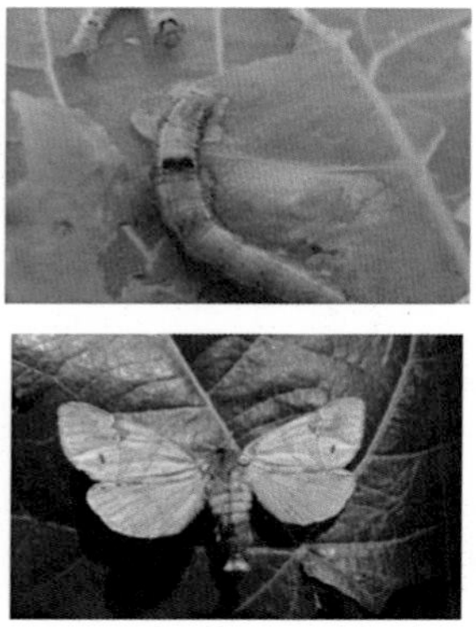

杨小舟蛾

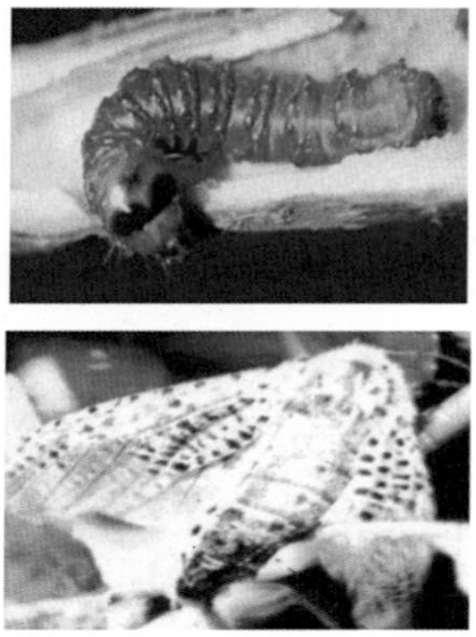

豹纹木蠹蛾

甘蓝夜蛾

甜菜夜蛾

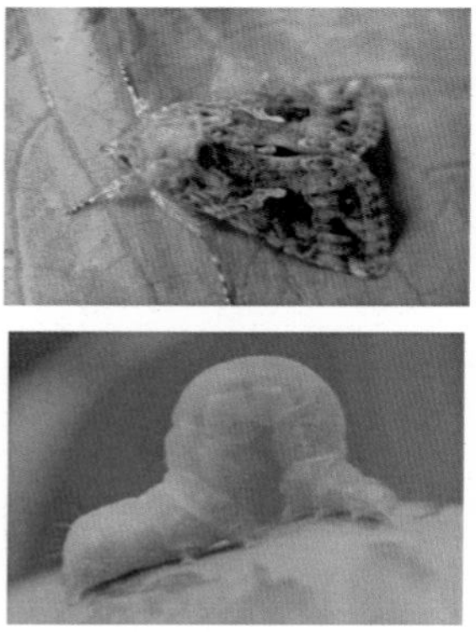

银纹夜蛾

斜纹夜蛾

地老虎

柑橘凤蝶

豆天蛾

小菜蛾

美国白蛾

菜粉蝶

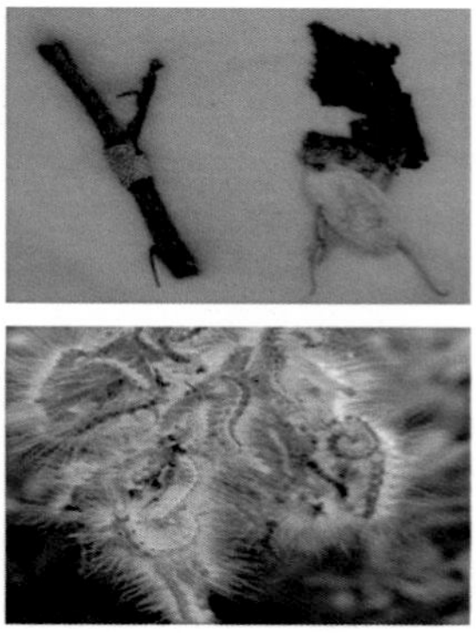

天幕毛虫

5. 鞘翅目

铜绿丽金龟

锹甲

云斑天牛

桑天牛

马铃薯瓢虫

七星瓢虫

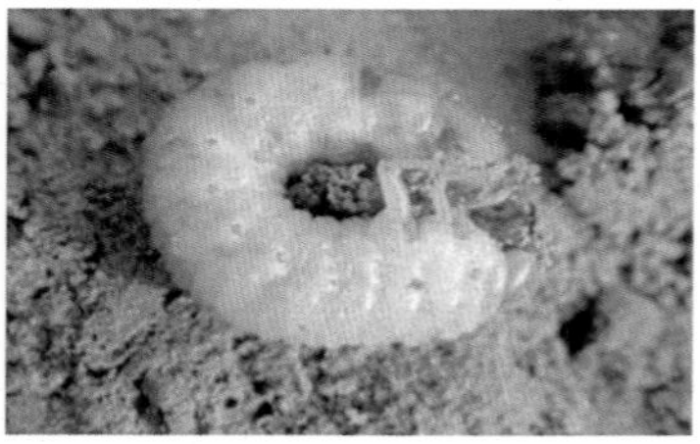

暗黑鳃金龟

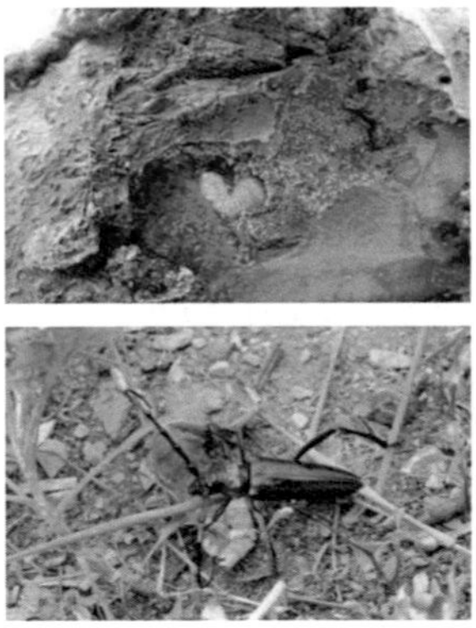

桃红颈天牛

中华薄翅锯天牛

星天牛

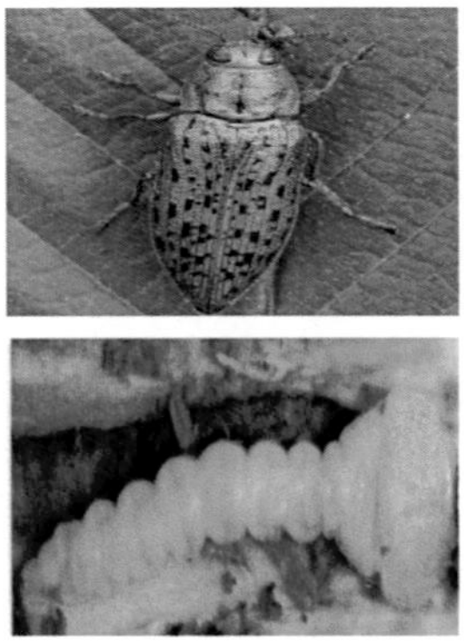

金缘吉丁虫

柳蓝叶甲

扣头甲（幼虫金针虫）

女贞瓢跳甲

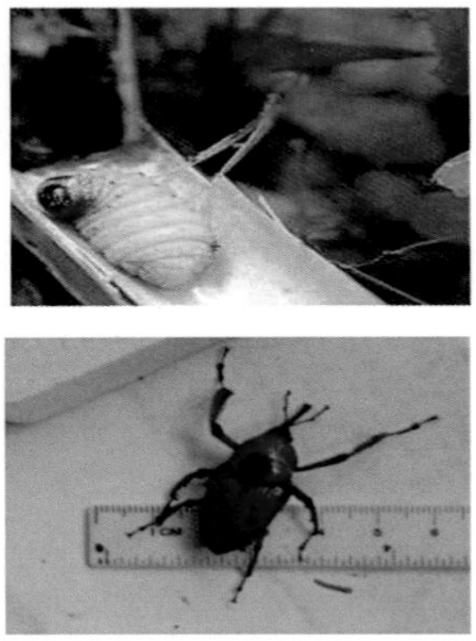

竹大象

黄足黑守瓜

椿大象甲

中华虎甲

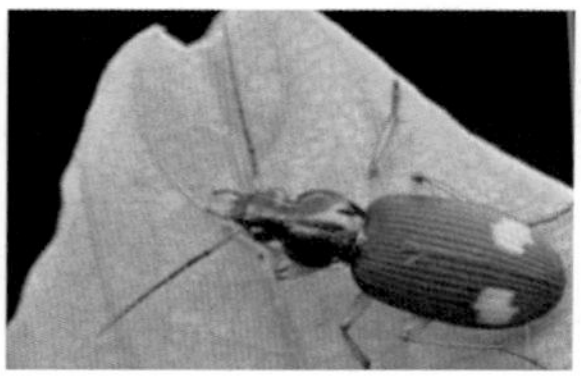

双斑青步甲

6. 膜翅目

樟叶蜂

榆三节叶蜂

蔷薇叶蜂

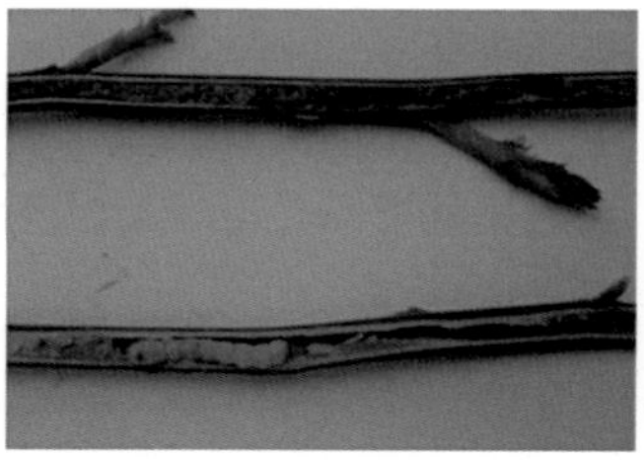

玫瑰茎蜂

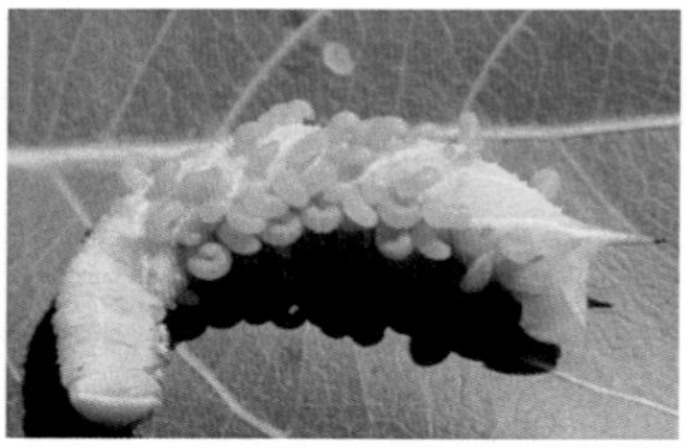

松毛虫绒茧蜂

7. 双翅目

黑纹食蚜蝇

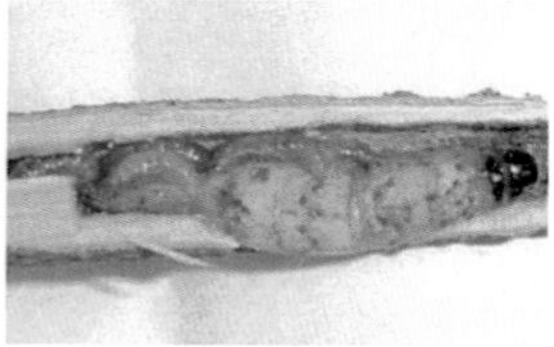

寄生蝇（寄主木蠹蛾）

萝卜种蝇

常怯寄蝇

8. 缨翅目

榕母管蓟马

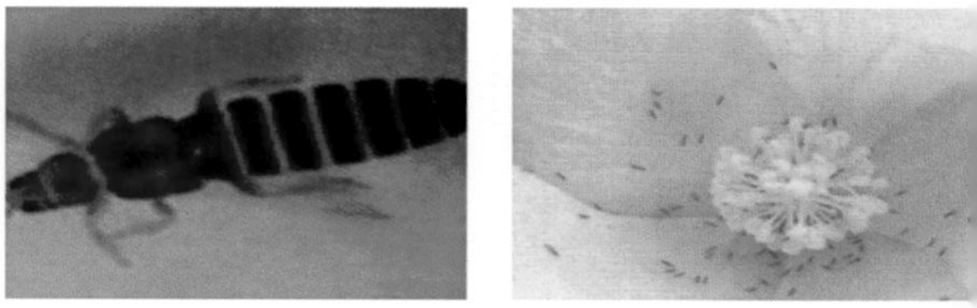

棉蓟马

9. 螨　类

柑橘全爪螨

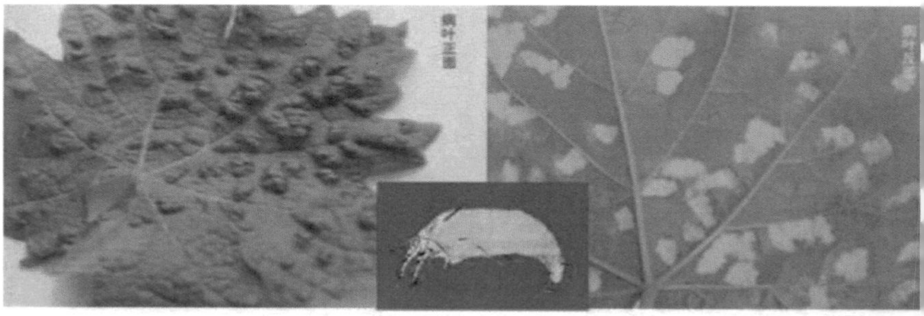

葡萄瘿螨

二、病　害

1. 蔬菜病害

白菜菌核病

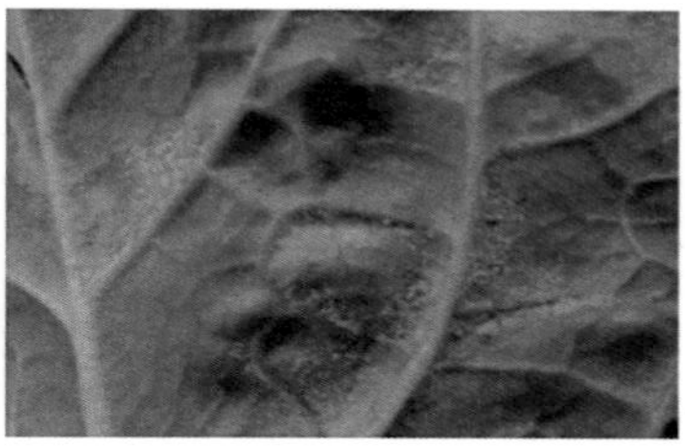

白菜霜霉病

白菜软腐病

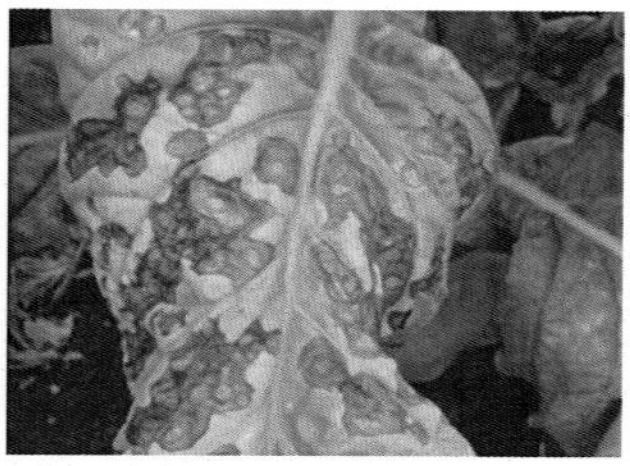

茄子锈病

茄子黄萎病

番茄青枯病

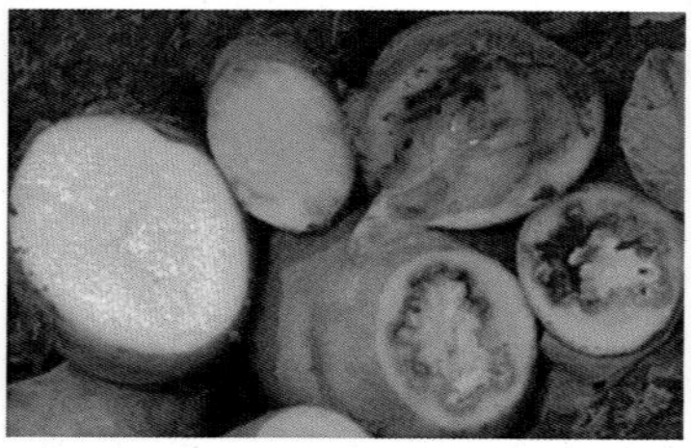

马铃薯环腐病

菜豆煤霉病

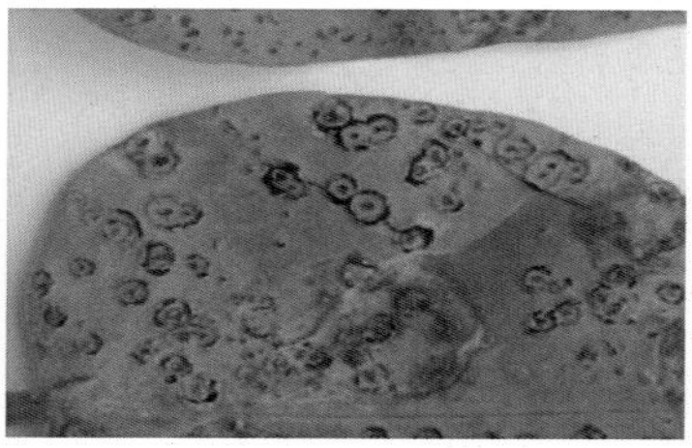

菜豆锈病

辣椒炭疽病

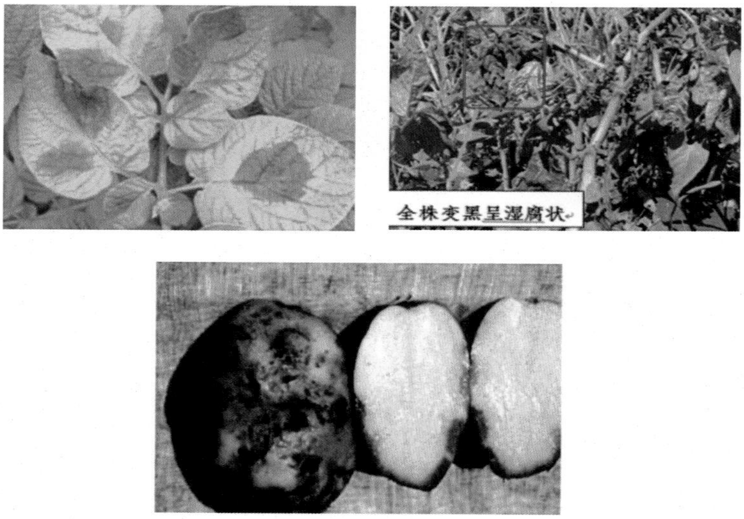

马铃薯晚疫病

甜瓜白粉病

番茄病毒病（蕨叶型）

番茄病毒病（花叶型）

番茄病毒病（条斑型）

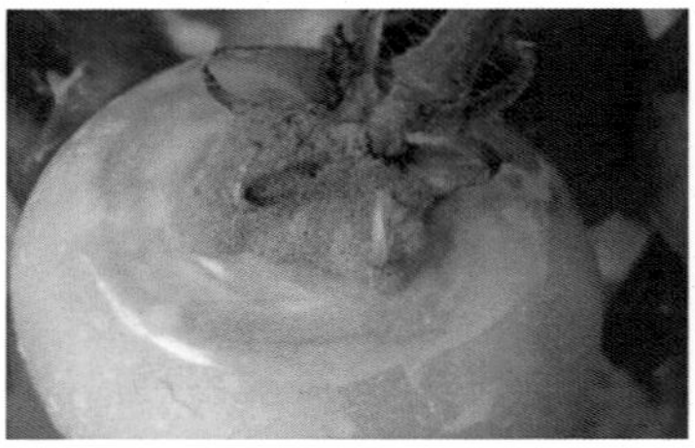

番茄灰霉病

黄瓜霜霉病

黄瓜细菌性角斑病

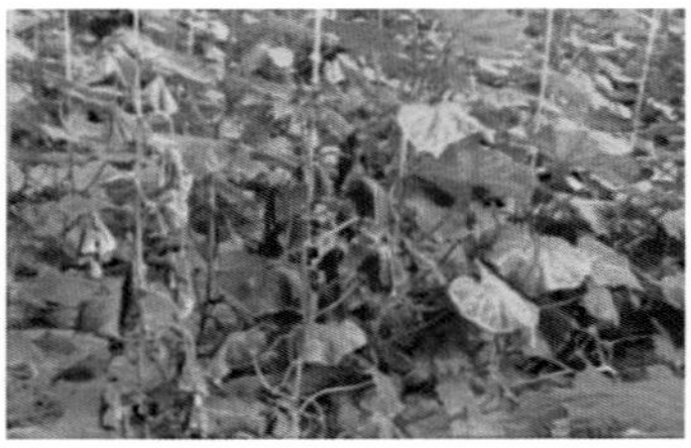

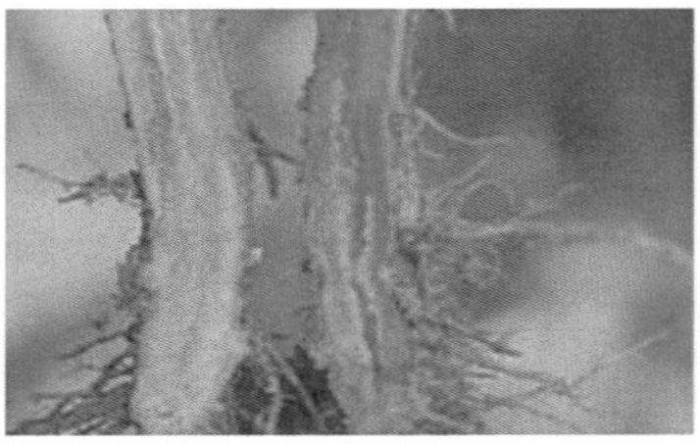

黄瓜枯萎病

2. 果树病害

苹果树腐烂病

苹果斑点落叶病

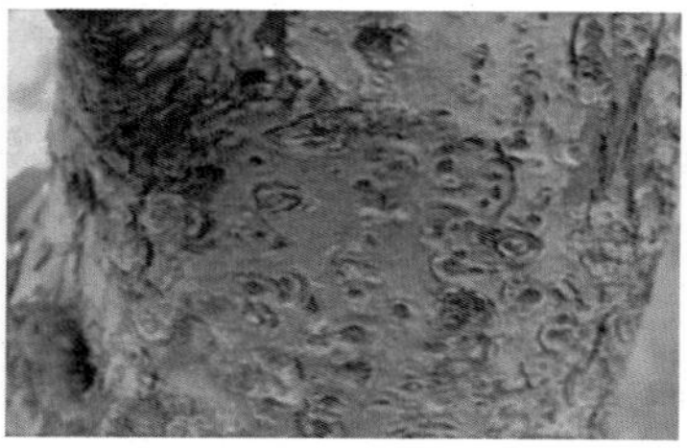

苹果轮纹病

苹果褐斑病

苹果霉心病

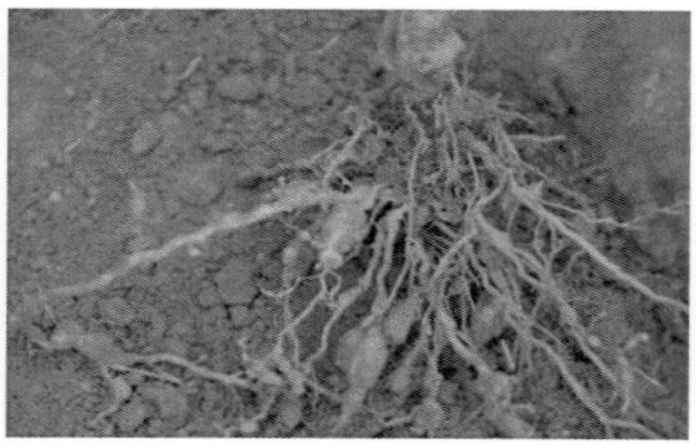

猕猴桃根结线虫病

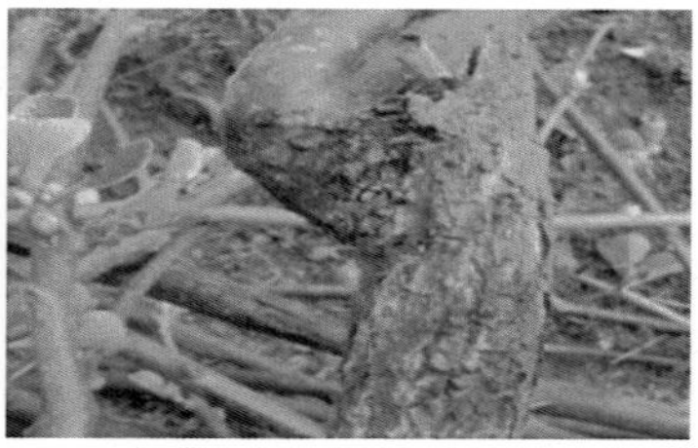

猕猴桃溃疡病

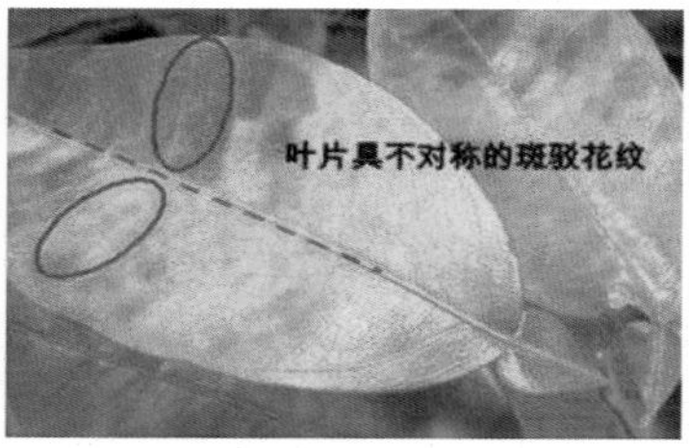

柑橘黄龙病

桃缩叶病

柑橘疮痂病

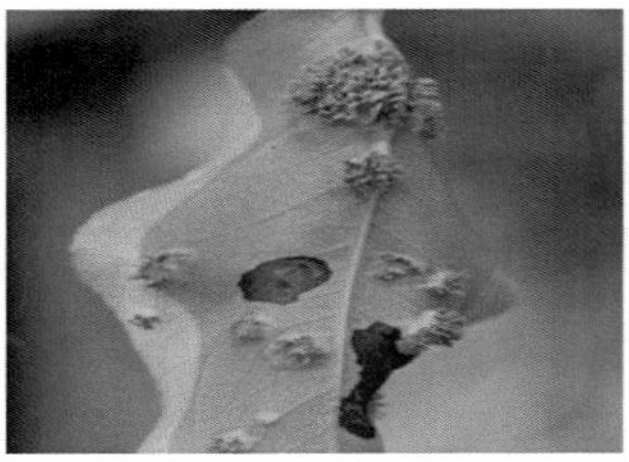

梨树锈病

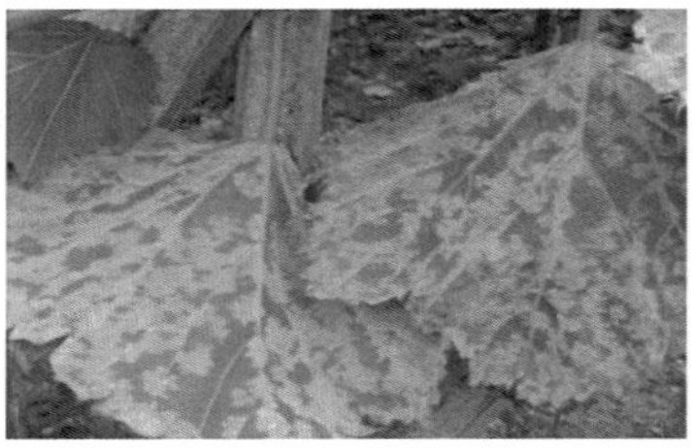

葡萄霜霉病

葡萄黑痘病

梨树褐斑病

葡萄白腐病

梨黑星病

3. 观赏植物病害

大叶黄杨白粉病

月季白粉病

紫薇白粉病

黄栌白粉病

月季黑斑病

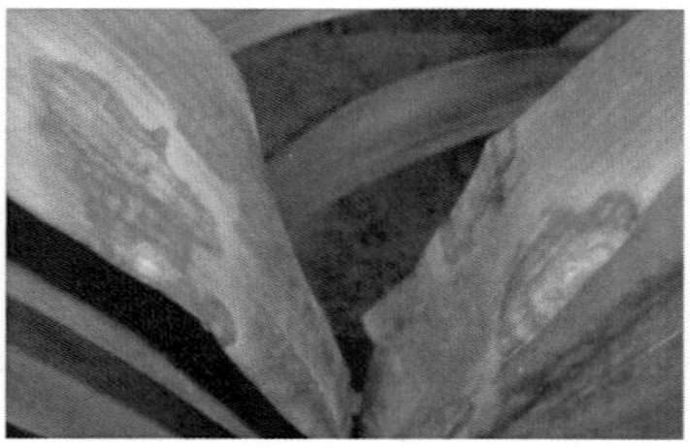

君子兰炭疽病

荷花黑斑病

橡皮树灰霉病

向日葵花叶病毒病

三角梅叶斑病

腊梅叶斑病

紫薇霉污病

蔷薇锈病

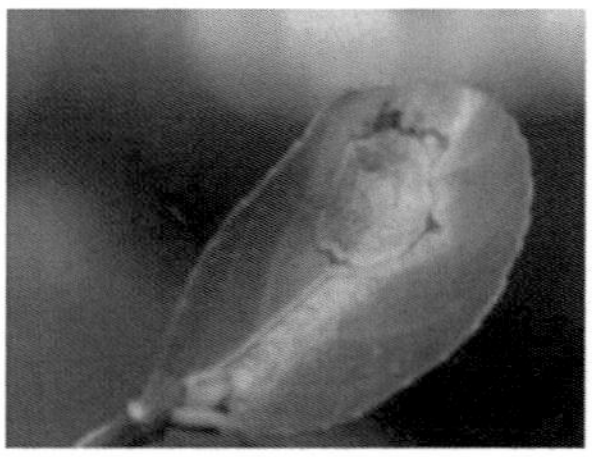

大叶黄杨炭疽病

草坪锈病

竹丛枝病

天竺葵叶斑病

桂花枯斑病

菊花锈病

松材线虫病

苏铁叶斑病

苗期立枯病

苗期猝倒病